Adaptives Laser Powder Bed Fusion der Titanlegierung TiAl6V4

Adaptive Laser Powder Bed Fusion of Titanium Alloy TiAl6V4

Von der Fakultät für Maschinenwesen
der Rheinisch-Westfälischen Technischen Hochschule Aachen
zur Erlangung des akademischen Grades eines
Doktors der Ingenieurwissenschaften
genehmigte Dissertation

vorgelegt von

Tobias Pichler

Berichter:

Univ.-Prof. Dr.-Ing. Dipl.-Wirt.-Ing. Johannes Henrich Schleifenbaum
Univ.-Prof. Dr.-Ing. habil. Gerd Witt

Tag der mündlichen Prüfung: 03. Juni 2022

ERGEBNISSE AUS DER LASERTECHNIK

Tobias Pichler

Adaptives Laser Powder Bed Fusion der Titanlegierung TiAl6V4

Bibliografische Information der Deutschen Nationalbibliothek
Die Deutsche Nationalbibliothek verzeichnet diese Publikation in der Deutschen Nationalbibliografie; detaillierte bibliografische Daten sind im Internet über https://portal.dnb.de abrufbar.

Tobias Pichler:

Adaptives Laser Powder Bed Fusion der Titanlegierung TiAl6V4

1. Auflage, 2022

Gedruckt auf holz- und säurefreiem Papier, 100% chlorfrei gebleicht.

Apprimus Verlag, Aachen, 2022
Wissenschaftsverlag des Instituts für Industriekommunikation und Fachmedien an der RWTH Aachen
Steinbachstr. 25, 52074 Aachen
Internet: www.apprimus-verlag.de, E-Mail: info@apprimus-verlag.de

Druck: CPI Druckdienstleistungen GmbH, Ferdinand-Jühlke-Straße 7 I 99095 Erfurt

ISBN 978-3-98555-096-8

D 82 (Diss. RWTH Aachen University, 2022)

Danksagung

Die vorliegende Arbeit entstand parallel zu meiner Tätigkeit als wissenschaftlicher Mitarbeiter am Fraunhofer-Institut für Lasertechnik ILT in Aachen. Zunächst bedanke ich mich bei Herrn Univ.-Prof. Dr.-Ing. Dipl.-Wirt.-Ing. Johannes Henrich Schleifenbaum für die Überlassung des Themas und die Betreuung meiner Arbeit. Zudem danke ich Herrn Univ.-Prof. Dr.-Ing. habil. Gerd Witt für die Übernahme des Koreferates und Herrn Univ.-Prof. Dr.-Ing. Christian Brecher für die Übernahme des Prüfungsvorsitzes.

Mein besonderer Dank gilt Herrn Dr. Wilhelm Meiners und Herrn Dr. Konrad Wissenbach für das in mich gesetzte Vertrauen und die Förderung meiner wissenschaftlichen Ausbildung in den ersten Jahren meiner Tätigkeit. Von diesem wertvollen Fundament profitiere ich bis heute.

Die für mich persönlich wichtigste Erkenntnis im Rahmen meiner Promotion findet sich nicht in den nachfolgenden Kapiteln, sondern betrifft den immensen Wert der vielzähligen menschlichen Verbindungen, die sich zu meinem großen Glück während meiner Promotionszeit ergeben haben: Neben allen aktuellen und vormaligen Kollegen von ILT und DAP möchte ich mich dabei besonders bei Dr. Florian Eibl, Ratmar Froembgen, Dr. Yves Hagedorn, Daniel Heußen, Dr. Lucas Jauer, Tim Lantzsch, Lukas Masseling, Juri Munk, Rui Santos-Batista, Anders Such, Simon Vervoort und Max Voshage bedanken! Es bedeutet mir sehr viel, dass so viele von Euch von Kollegen zu Freunden geworden sind. Ein besonderer Dank gilt außerdem dem Quadrupel des »Skat-Club-Bombenblatt«, vertreten durch Birk Hoppe, Dr. Tobias Schmithüsen, Andreas Vogelpoth und Christian Weiß. Die zahlreichen Abende in geselliger Runde, an denen ich unter Beweis stellen konnte, wie gut ich Skat kann, haben mir den notwendigen Ausgleich gegeben. Mein Dank gilt zudem meinen Freunden seit Kindestagen David Arnolds und Dr. David Schmelzeisen - Ich bin stolz darauf, dass unsere Freundschaft bis heute Bestand hat.

Meinen Hiwis und Abschlussarbeitern, im besonderen Jan Matyssek und Max Rommerskirchen, danke ich für ihren unermüdlichen Einsatz mit nicht wenigen Wochenenden und Nachtschichten im Labor.

Ohne den Rückhalt meiner Familie wäre die Anfertigung dieser Arbeit nicht möglich gewesen: Meinen Eltern danke ich dabei für die Förderung meines akademischen Werdegangs und insbesondere für das immense Vertrauen, das sie mir seit Beginn meines Studiums entgegengebracht haben. Meinen Schwestern danke ich für eine Form des bedingungslosen Zusammenhalts, von dem ich weiß, dass er keineswegs selbstverständlich ist.

Zuletzt möchte ich von ganzem Herzen meiner Freundin Kyra danken: Ich hätte mir keine bessere Art von unaufhörlicher Unterstützung, Motivation und Verständnis vorstellen können.

Inhalt

1 Einleitung

Die Gesellschaft steht vor zunehmenden Herausforderungen: Megatrends wie Klimawandel, Digitalisierung und Ressourcenknappheit tangieren dabei das einzelne Individuum in gleichem Maße, wie Industrie und Wissenschaft [1, 2]. Letztgenannte stehen in der Verantwortung sich diesen Herausforderungen zu stellen, Lösungen zu entwickeln und dabei gleichzeitig den stetig wachsenden Anforderungen der Konsumenten im Hinblick auf Produktindividualisierung und Nachhaltigkeit gerecht zu werden [3].

Auf dem Gebiet der Fertigungstechnik bieten additive Fertigungsverfahren im Allgemeinen und das Laser Powder Bed Fusion (LPBF) im Speziellen das Potential, einen maßgeblichen Beitrag zur Bewältigung dieser Herausforderungen zu leisten: Das Versprechen einer ressourcenschonenden, werkzeuglosen Fertigung metallischer Bauteile mit nahezu beliebig komplexer Geometrie und einem großen Maß an Flexibilität bietet ein enormes Potential für vielfältige Anwendungen wie bspw. dem Leichtbau durch topologieoptimierte Strukturen, der Funktionsintegration zur Verkleinerung der Anzahl notwendiger Fertigungsschritte und Zusatzkomponenten oder der flexiblen Fertigung kundenindividueller Produkte.

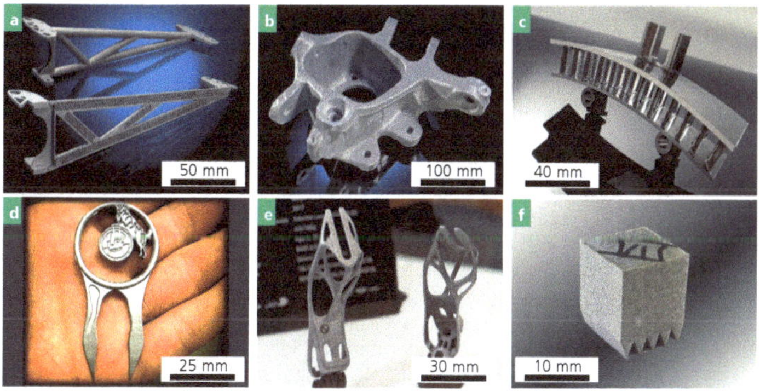

Bild 1: Mittels LPBF gefertigte Bauteile
a) Querlenker (Fraunhofer ILT)
b) Radträger (BMW Group)
c) Leitschaufelcluster (MAN Energy Solutions)
d) Golf Pitchgabel (Fraunhofer ILT)
e) Dachhalterung für BMW i8 Roadster (BMW Group)
f) LPBF-Probekörper (Fraunhofer ILT)

Die möglichen Anwendungsfelder sind branchenübergreifend, wie anhand verschiedener Beispiele aus der Automobilindustrie, der Luft- und Raumfahrt, dem Turbomaschinenbau oder der Medizintechnik gezeigt werden kann (Bild 1). Lange Zeit nur als Verfahren für den Prototypenbau und die Fertigung von Kleinstserien geltend, konnte in der jüngeren Vergangenheit bereits an mehreren Anwendungsfällen der wirtschaftliche Einsatz des LPBF in der Serienfertigung demonstriert werden [4, 5].

Der großflächigen Anwendung des Fertigungsverfahrens in der Serienfertigung stehen allerdings nach wie vor wesentliche Herausforderungen gegenüber: Neben produktionstechnischen Aspekten wie bspw. einer Vergrößerung des Automatisierungsgrads oder der Schaffung standardisierter, digitaler Schnittstellen zur Integration von LPBF-Anlagen in industrielle Produktionsumgebungen, betreffen die Defizite in Bezug auf den LPBF-Fertigungsprozess vor allem die relativ hohen Kosten des Verfahrens, die noch nicht sichergestellte, gleichbleibende und geometrieunabhängige Bauteilqualität und die mangelnde Robustheit und Prozesssicherheit [6 bis 8]. Im Rahmen einer Umfrage unter den Mitgliedern des Industriearbeitskreises „Light Alliance" werden insbesondere die Produktivität, die Sicherstellung eines fertigungsgerechten Produktdesigns sowie die Qualitätssicherung als wesentliche Herausforderungen genannt [9].

Seit der Entwicklung des LPBF Verfahrens Ende der 1990er Jahre [10] sind zur Bewältigung der beschriebenen Herausforderungen unterschiedliche Weiterentwicklungen der LPBF-Anlagentechnik vollzogen worden: Dazu zählen bspw. der parallele Einsatz mehrerer Laser-Scanner-Einheiten in einer LPBF-Anlage [11], die Vergrößerungen des Bauraums [12], Vergrößerungen des Automatisierungsgrades [13], die Integration von Systemen zur Prozessbeobachtung [14] oder die Erweiterung des verarbeitbaren Werkstoffportfolios [15]. Bei den Weiterentwicklungen wurde sich dabei vornehmlich auf die Anlagenhardware konzentriert, während die Prozessführung und Datenaufbereitung bisher weitgehend unverändert geblieben ist. So erfolgt bspw. die Qualifizierung von Prozessparametern anhand primitiver Probekörper (Bild 1f), die dann auf beliebig komplexe Geometrien übertragen werden.[6]

Mit Richtlinien zu „Design for Additive Manufacturing" (DfAM) soll die Befähigung der Anwender zur vollständigen Ausnutzung der Geometriefreiheit des Verfahrens sichergestellt werden, indem bspw. bionische Strukturen oder konventionell nicht herstellbare Designs realisiert werden. Gleichzeitig ergeben sich im Hinblick auf eine fertigungsgerechte Konstruktion wesentliche Einschränkungen, wie z.B. die Notwendigkeit von Stützstrukturen ab Überhangwinkeln von 45°, minimal herstellbare Wandstärken von 0,4 mm und spezifische Anforderungen an die Bauteilorientierung zur Sicherstellung eines robusten Fertigungsprozesses [16]. Im Widerspruch zur vielfach beworbenen Flexibilität und Geometriefreiheit müssen im Konstruktionsprozess also die Restriktionen der LPBF-Prozessführung berücksichtigt werden. Zielgrößen wie Bauteilqualität, Produktivität und Prozesssicherheit gelten dabei zudem als kontroverse Forderungen [17].

Aus den beschriebenen Umständen und Widrigkeiten ergibt sich der Bedarf, die konventionelle LPBF-Prozessführung hin zu einer adaptiven Prozessführung weiterzuentwickeln, bei der durch eine geometriegetriebene Anpassung der LPBF-Bearbeitungsstrategien und -Prozessparameter die Bauteilqualität und Prozessrobustheit vergrößert, die Menge benötigter Stützstrukturen und damit die Konstruktionsrestriktionen verkleinert sowie die Aufbaurate vergrößert werden soll.

Die Ansätze zur adaptiven Prozessführung werden im Rahmen der vorliegenden Arbeit an der Titanlegierung TiAl6V4 demonstriert, da diese bereits mittels LPBF verarbeitet werden kann und in Branchen mit hohen Anforderungen an eine gleichbleibende Bauteilqualität und Prozesssicherheit (Medizintechnik, Luft- und Raumfahrtindustrie, Rennsport) eingesetzt wird. Bei der Erarbeitung der Ansätze zur adaptiven Prozessführung wird jedoch eine zukünftige Übertragbarkeit auf weitere Werkstoffe berücksichtigt.

Im Folgenden wird zunächst ein Überblick über den derzeitigen Stand der Forschung und Technik gegeben. Basierend darauf wird die Problemstellung, die Forschungsfragen sowie die Vorgehensweise im Rahmen dieser Arbeit abgeleitet.

2 Stand der Forschung und Technik

2.1 Grundlagen

Das additive Fertigungsverfahren Laser Powder Bed Fusion (LPBF) ermöglicht die schichtweise Herstellung metallischer Bauteile durch das selektive Umschmelzen pulverförmiger Materialen. In Bild 2 ist der Ablauf des LPBF-Verfahrens nach VDI 3405 schematisch dargestellt.

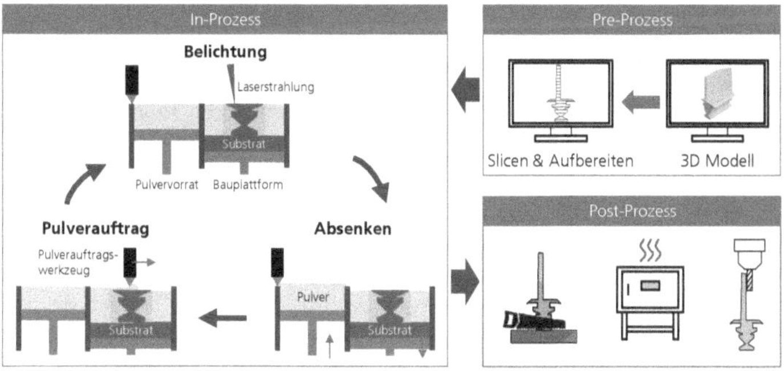

Bild 2:Schematischer Ablauf des LBPF-Verfahrens nach [17]

Im Pre-Prozess wird das 3D-CAD-Modell des zu fertigenden Bauteils zunächst in Schichten einer definierten Schichtstärke unterteilt (Slicen). Die aus dem Slicen resultierenden Schichten werden anhand definierter Regeln mit Informationen zur Steuerung der Laserstrahlung versehen (Aufbereiten). Zur Fertigung (In-Prozess) wird das digitale Resultat des Pre-Prozesses, der sogenannte Baujob, auf die LPBF-Anlage übertragen. Der dort stattfindende Fertigungsprozess ist unterteilt in eine der Anzahl der Schichten des Baujobs entsprechenden, sich widerholenden Abfolge der Prozesse Pulverauftrag, Belichtung und Absenken der Bauplattform: Beim Pulverauftrag wird Pulver aus einer Fördereinrichtung wie bspw. einem Förderzylinder bereitgestellt und mit einem parallel zur Bauplattform beweglichen Pulverauftragswerkzeug flächig auf der Bauplattform bzw. der zuletzt gefertigten Bauteilschicht verteilt. Das Pulver wird entsprechend der Geometrieinformationen innerhalb der aktuellen Schicht selektiv mittels Laserstrahlung umgeschmolzen (Belichtung). Im Anschluss wird die Bauplattform zur Vorbereitung des folgenden Pulverauftrags um den Betrag einer Schichtstärke abgesenkt. Nach Beendigung des Baujobs wird das nicht umgeschmolzene Pulver entfernt und zur erneuten Verwendung aufbereitet. Die auf der Bauplattform befindlichen Bauteile werden im Anschluss des Bauvorgangs (Post-Prozess) anwendungsabhängig unterschiedlichen Nachbearbeitungsschritten wie z.B. Wärmebehandlung oder spanender Bearbeitung zugeführt. Typischerweise müssen die

Bauteile zur weiteren Verwendung manuell oder maschinell von der Substratplatte getrennt werden.

2.1.1 Datenaufbereitung

Die Generierung eines Baujobs erfolgt typischerweise ausgehend von mittels Triangulation angenäherten CAD-Modellen der zu fertigenden Bauteile. Als Datenformat kommt dabei meist das 1988 von der Firma 3D Systems entwickelte STL-Format (Stereolithografie oder Surface Tessellation Language) zum Einsatz, bei dem die Außenhülle des Bauteils über dreieckige Flächenelemente angenähert wird [17]. Die Datenaufbereitung für das LPBF wird mit Spezialsoftware für die additive Fertigung unterschiedlicher Anbieter durchgeführt. Typische Softwares anlagenunabhängiger Hersteller sind z.B. Magics der Firma Materialise B.V. oder Netfabb der Firma Autodesk Inc.. Zudem existieren Eigenentwicklungen der LPBF-Anlagenhersteller wie bspw. EOSprint der Firma EOS GmbH oder quantAM der Firma Renishaw plc.. Die Aufbereitungssoftwares anlagenunabhängiger Anbieter verfügen über anlagenspezifische Zusatzmodule, sogenannte Buildprozessoren, mit denen eine anlagenspezifische Datenaufbereitung möglich bzw. aufgrund der verwendeten proprietären Dateiformate typischerweise notwendig ist. Abgesehen von unterschiedlichen anbieterspezifischen Sonderfunktionen ist allen Softwarelösungen das Grundprinzip der Datenaufbereitung gemein: Nachdem jedes Bauteil positioniert, orientiert und ggf. mit Stützstrukturen versehen ist, werden aus der STL-Datei für jede Bauteilschicht der Bauteilaußenkontur entsprechende Polygonzüge abgeleitet. Die Konturen werden nach einem optionalen Versatz in Richtung des Bauteilinneren zur Kompensation des Laserstrahldurchmessers (Beam Compensation) bei Bedarf schichtweise miteinander verglichen, um sogenannte Downskin-Regionen (Bereiche, unter denen sich Pulver befindet) bzw. Upskin-Regionen (Bereiche, über denen sich Pulver befindet) zu identifizieren. Bereiche, die sich innerhalb des Bauteils befinden und weder der Downskin- noch der Upskin-Region zugeordnet werden, werden als Inskin bezeichnet. Die resultierenden Subkonturen für Downskin, Inskin und Upskin jeder Schicht werden jeweils mit einem vorgegebenen Füllmuster mit Scanvektoren gefüllt, welche später die Bearbeitungsstrategie im LPBF-Prozess bzw. den Bewegungspfad des Laserspots in der Bearbeitungsebene darstellen. Zudem wird das Füllmuster typischerweise zwischen den Schichten jeweils um den Betrag eines bestimmten Winkels rotiert. In Bild 3 sind drei beim LPBF verwendete Bearbeitungsstrategien sowie die jeweils zugehörigen Parameter schematisch dargestellt.

Bild 3: LPBF-Bearbeitungsstrategien nach [16, 18 bis 20]

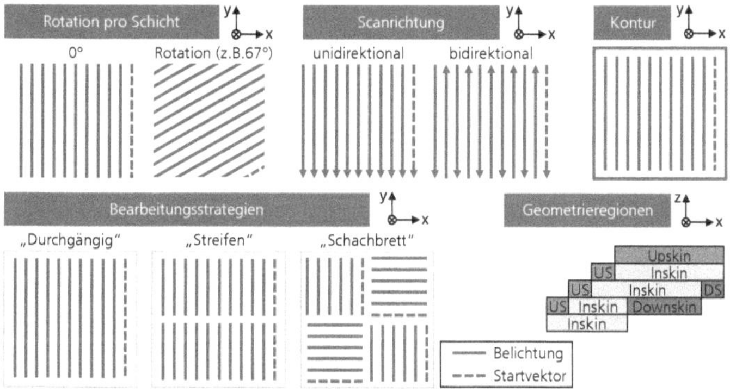

Schichtübergreifend werden den jeweils in einer Subkontur enthaltenen Scanvektoren entweder während der Datenaufbereitung oder in der Steuerungssoftware der LPBF-Anlage konstante Prozessparameter (typischerweise Laserleistung und Scangeschwindigkeit, teilweise auch Laserleistungsmodulation) zugeordnet. Zusätzlich werden Scanvektoren für mindestens eine Belichtung der gesamten Bauteilkontur jeder Schicht gespeichert, die ebenfalls mit schichtübergreifend konstanten Prozessparametern erfolgt. Zusätzliche Einstellmöglichkeiten bezüglich der Bauteilkontur betreffen die Anzahl der Konturbelichtungen, zusätzliche Konturbelichtungen mit veränderten Prozessparametern und deren jeweiligen Abstand zueinander bzw. zu den Füllvektoren. Der resultierende Baujob wird in einem typischerweise proprietären Dateiformat gespeichert und an die LPBF-Anlage übertragen.

2.1.2 LPBF-Anlagen- und Steuerungstechnik

In Bild 4 sind die grundlegenden Bestandteile einer LPBF Anlage schematisch dargestellt.

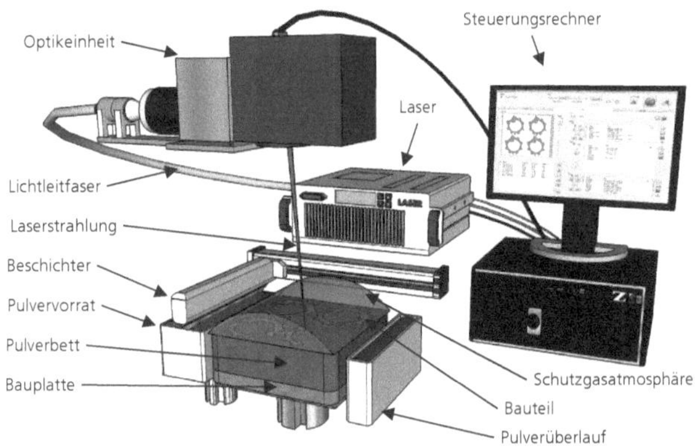

Bild 4: Schematische Darstellung der Komponenten einer LPBF-Anlage

Die Ansteuerung der einzelnen Komponenten erfolgt über die Anlagensteuerungssoftware auf einem Industrie-PC, in der der in der Datenaufbereitung generierte Baujob eingeladen wird. In kommerziellen Anlagen wird zudem in den meisten Fällen zusätzlich eine mit dem Anlagenrechner gekoppelte SPS eingesetzt. Die Umsetzung von Pulverauftrag und Zustellung der Bauplattform erfolgt über entsprechende Aktorik. Die Prozesskammer der LPBF-Anlage wird zur Vermeidung von Oxidation mit einem Schutzgas (z.B. Argon) gefüllt und die während des Prozesses entstehenden Nebenprodukte (Schweißspritzer, Rauch) werden über eine Schutzgasströmung aus der Prozesszone entfernt und einem Filter zugeführt. Als Laserstrahlquelle (kurz: Laser) dient typischerweise ein Singlemode Ytterbium-Faserlaser mit einer Wellenlänge von 1070 nm in einem Leistungsbereich von 200 W bis 1000 W. Zur Strahlablenkung wird ein Galvanometerscanner (kurz: Scanner) eingesetzt, mit dem durch die rotatorische Bewegung zweier Spiegel die Positionierung des Laserspots in der Prozessebene realisiert wird. Zur Fokussierung der Laserstrahlung und zur Flachfeldkorrektur der Brennweite kommt entweder ein f-theta-Objektiv oder eine dem Scanner vorgelagerte, dynamische Fokussiereinheit (kurz: VarioScan) zum Einsatz, mit der sich durch Defokussierung der Laserstrahlung zusätzlich der Durchmesser des Laserspots in der Bearbeitungsebene variieren lässt. In einigen LPBF-Anlagen kann der Durchmesser des kollimierten Laserstrahls vor der Fokussierung zudem durch ein zusätzliches optisches Element (z.B. Teleskop) manuell oder automatisch variiert werden, um den Durchmesser des fokussierten Laserstrahls in der Bearbeitungsebene zu verändern. [11, 21] Über eine mit dem Anlagen-PC verbundene Ansteuerkarte werden in einem regelmäßigen Ausführungstakt (z.B. 10 µs) die durch die Scanvektordaten des Baujobs vorgegebenen Positionssignale an die optischen Komponenten (Scanner und optional VarioScan) und die Signale Laser-An und Laserleistungsvorgabe an den Laser übertragen. [22, 23]

Die grundlegende Struktur und die eingesetzten Komponenten der derzeit kommerziell verfügbaren LPBF-Anlagen entsprechen weitgehend dem skizzierten Aufbau und variieren vor allem in der konkreten technischen Ausgestaltung wie bspw. der Anzahl der verbauten Laser-Scanner-Einheiten, dem resultierenden Laserstrahldurchmesser in der Bearbeitungsebene, der technischen Realisierung des Pulverauftragsmechanismus (z.B. Pulverzylinder oder Pulvertank mit Förderwelle) oder Größe und Form der Bauplattform. Darüber hinaus existieren vereinzelte Entwicklungen für Sonderanwendungen wie bspw. dem Einsatz von Strahlquellen mit alternativen Wellenlänge (z.B. zur Verarbeitung von Buntmetallen [15]) oder der Entwicklung neuartiger Belichtungs- und Anlagenkonzepte, die allerdings bisher nur im Forschungsumfeld betrieben werden [24]. Zudem werden in den letzten Jahren zunehmend Lösungsansätze präsentiert, die die Integration von LBPF-Anlagen in industrielle Produktionsumgebungen begünstigen sollen. Dazu zählen bspw. Module zu automatischen Bauplattformhandhabung oder Pulveraufbereitung und -zuführung [25, 26].

2.1.3 Schmelzspurformung und -stabilität

Das grundlegende Prinzip des LPBF besteht darin, mit Hilfe von Laserstrahlung Pulver schichtweise lokal Aufzuschmelzen und beim Erstarren miteinander zu verschmelzen [17] und kann gemäß der Definition nach DIN 1910-100 auch als Schweißprozess bezeichnet werden. Die geometrischen Informationen des Bauteils sind innerhalb einer Schicht durch eine charakteristische Abfolge von Schmelzspuren definiert. Zur Erzeugung einer homogenen Materialschicht mit einer relativen Dichte von ca. 100 % ergeben sich nach [10] bestimmte Anforderungen an die Schmelzspuren bzw. das Schmelzbad:

- Das Schmelzbad muss zusammenhängend und geschlossen sein
- Beim Umschmelzen muss im Überlappbereich auch die benachbarte Spur aufgeschmolzen werden
- Die Tiefe des Schmelzbads muss eine Anbindung an die darunterliegende Schicht ermöglichen

Die Charakterisierung einzelner Schmelzspuren erfolgt typischerweise durch Bestimmung von Spurbreite, Spurhöhe, Spurtiefe, Kontaktwinkel und Spurmorphologie. Nach [27] existieren über 130 Parameter bzw. Einflussgrößen, die den LPBF Prozess beeinflussen. Zu den wesentlichen Prozessparameter, die direkt vom Anwender festgelegt werden, zählen unter anderem Laserleistung P_L, Scangeschwindigkeit v_s, Schichtstärke D_S, Spurabstand Δy_S und der Durchmesser des Laserstrahls in der Prozessebene d_S. Aus diesen Prozessparametern werden oftmals unterschiedliche thermodynamische Kennwerte bestimmt. Dabei wird die Laserleistung ins Verhältnis zur Scangeschwindigkeit und ggf. zu einer bestimmten Auswahl der übrigen Prozessparameter gesetzt. Aus dem Verhältnis zwischen

Laserleistung und Scangeschwindigkeit ergibt sich die sogenannte Strecken- oder Linienenergie:

2.1
$$E_S = \frac{P_L}{v_S} \left[\frac{J}{mm}\right]$$

Werden zusätzlich Schichtstärke D_S und Laserstrahldurchmesser d_S bzw. Spurabstand Δy_S berücksichtigt, ergibt sich aus Formel **2.1** die sogenannte Volumenenergiedichte [10, 28]:

2.2
$$E_{V1} = \frac{P_L}{d_S * v_S * D_S} \left[\frac{J}{mm^3}\right] \text{ oder } E_{V2} = \frac{P_L}{\Delta y_S * v_S * D_S} \left[\frac{J}{mm^3}\right]$$

Die Volumenenergiedichte (VED) bezeichnet die auf ein Volumenelement bezogene, eingebrachte Energie. In der Literatur finden sich unterschiedliche Definitionen zur Bestimmung des Volumenelements (vgl. Formel **2.2**). Einerseits unter Berücksichtigung des Laserstrahldurchmesser d_S [28], andererseits unter Berücksichtigung des Spurabstands Δy_S [10, 29, 30]. Teilweise wird in Formel **2.2** die Schichtstärke D_S nicht berücksichtigt, sodass sich ein flächenbezogener Energieeintrag (J/mm²) ergibt [31]. Die beschriebenen Energiekennwerte werden häufig als werkstoffspezifische Vergleichsgröße zur Bestimmung von Parameterfenstern zur Erzielung stabiler Prozessbedingungen und zur Fertigung von Bauteilen mit einer möglichst großen relativen Dichte herangezogen: So wird bspw. zur Fertigung von Bauteilen mit einer relativen Dichte von mindestens 99,95 % bei der Verarbeitung der Nickelbasislegierung IN718 ein Bereich für die Volumenenergiedichte von 90 J/mm³ bis 130 J/mm³ angegeben [29]. Vergleichbare Angaben finden sich auch für andere für das LPBF-Verfahren typische Werkstoffe wie z.B. die Aluminiumlegierung AlSi10Mg (37,9 J/mm³) [32] oder die Titanlegierung TiAl6V4 (50,2 J/mm³) [33].

In aktuelleren Veröffentlichungen werden vermehrt die Grenzen der beschriebenen thermodynamischen Kennwerte zur Bewertung der Tauglichkeit bestimmter Prozessparameterkombinationen aufgezeigt: In [31] wird mithilfe von Röntgenstrahlung die Schmelzbadcharakteristik für drei konstante, flächenbezogene Energien (Laserleistung bezogen auf Scangeschwindigkeit und Laserstrahldurchmesser) unter Variation von Laserleistung und Scangeschwindigkeit untersucht. Bei Vergrößerung der Laserleistung wird die Scangeschwindigkeit entsprechend proportional vergrößert, um eine konstante Flächenenergie zu realisieren. In Bild 5 sind Röntgenaufnahmen des Schmelzbads einer LPBF-Einzelspur aus AlSi10Mg für eine flächenbezogene Energie von 260 J/cm² und fünf Kombinationen von Laserleistung und Scangeschwindigkeit dargestellt.

Bild 5: Röntgenaufnahmen des Schmelzbads (Alsi10Mg) für konstante Energie unter Variation von Laserleistung und Scangeschwindigkeit [31]

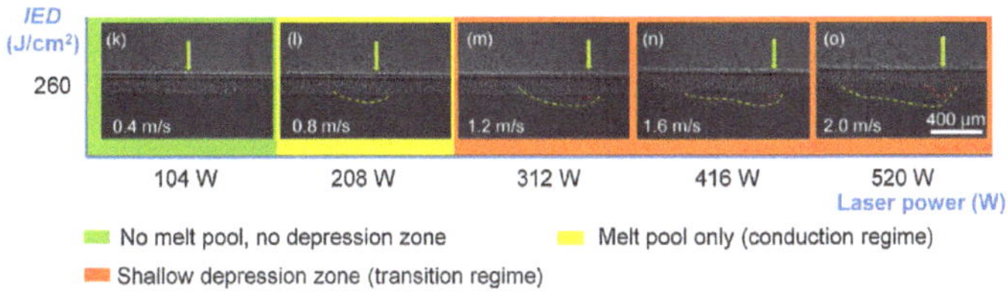

Trotz konstanter Energie stellen sich in Abhängigkeit der Kombination von Laserleistung und Scangeschwindigkeit drei unterschiedliche Schweißregime (Keine Schmelzbadausbildung, Wärmeleitungsschweißen, Übergangsbereich zwischen Wärmeleitungsschweißen und Tiefschweißen) ein. Ähnliche Erkenntnisse gewinnen Bertoli et. al. bei der Untersuchung von LPBF-Einzelspuren aus Edelstahl 1.4404 [28]: In Bild 6 sind fünf Spuren dargestellt, jeweils gefertigt mit gleicher Volumenenergiedichte (Laserleistung bezogen auf Schichtstärke, Scangeschwindigkeit und Laserstrahldurchmesser) von 242 J/mm³, unter Variation von Laserleistung und Scangeschwindigkeit.

Bild 6: Lichtmikroskopische Aufnahmen von Einzelspuren aus Edelstahl 1.4404 gefertigt mit konstanter VED [28]

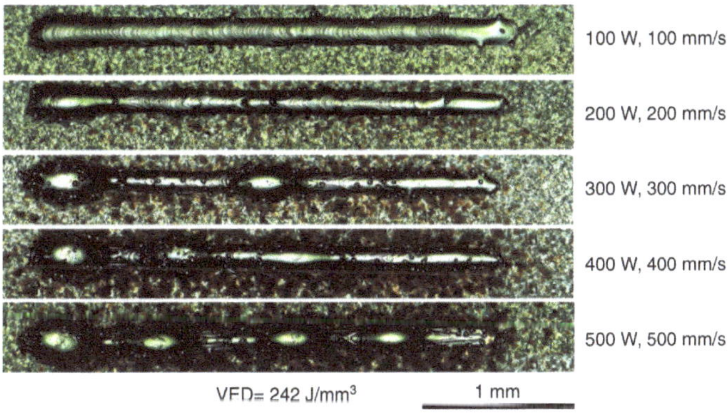

Für P_L = 100 W und v_S = 100 mm/s ergibt sich eine zusammenhängende und stabile Schmelzspur. Mit Vergrößerung der Laserleistung kann eine Zunahme der Instabilität der Spurformung und Veränderung der Spurmorphologie beobachtet werden: Für größere Laserleistungen ist keine zusammenhängende, homogene Schmelzspurbildung mehr zu beobachten. Stattdessen tritt Balling auf. Insgesamt ergeben sich trotz konstanter Volumenenergiedichte vollständig unterschiedliche Spurmorphologien. Die Autoren beider Arbeiten kommen zu dem Schluss, dass eine Bewertung der Tauglichkeit von LBPF Prozessparametern über thermodynamische Kennwerte wie Strecken-, Flächen- oder Volumenenergie nur in eingeschränktem Maße möglich ist. Die thermodynamischen Kennwerte berücksichtigen nicht die physikalischen Effekte, die für den Wärme- und Stofftransport innerhalb des Schmelzbads verantwortlich sind und offenbar einen wesentlichen Einfluss auf die finale Gestalt der Schmelzspur haben.

In der Literatur finden sich vielzählige Arbeiten zu den thermophysikalischen Effekten innerhalb des Schmelzbades und ihren Auswirkungen auf Gestalt und Stabilität der Schmelzspur. Die für diese Arbeit relevanten Einflussfaktoren werden im Folgenden kurz erläutert.

Zur Beschreibung der Stabilität einer Schmelzspur wird häufig das Plateau-Rayleigh Kriterium verwendet. Dabei wird das Schmelzbad als ein zylindrischer, fluider Körper mit der Länge L und dem Durchmesser D modelliert. Das Stabilitätskriterium ist erfüllt, solange gilt [34]

2.3

$$\frac{\pi * D}{L} > 1$$

Formel 2.3 ist dabei gültig für einen freien Zylinder ohne Kontakt zu einer Oberfläche. Übertragen auf den LPBF-Prozess ist das Stabilitätskriterium somit erfüllt, solange die Schmelzbadlänge kleiner ist als der Schmelzbaddurchmesser. Eine Verletzung des Plateau-Rayleigh Kriteriums führt zu einem Zerfall des Fluidzylinders in einzelne Elemente bzw. Tropfen, da sich so eine Minimierung der Oberflächenenergie einstellt. Beim LPBF wird dieses Phänomen auch als Balling bezeichnet. Verfahrensbedingt ergibt sich beim LPBF zumeist ein Sonderfall des dem Plateau-Rayleigh Kriteriums zugrundeliegenden Modells, da sich das Schmelzbad in den meisten Fällen nicht frei im Raum befindet, sondern Kontakt zu festem Material, wie z.B. der Substratplatte oder bereits gebauten Bauteilbereichen, hat. In diesem Fall kann die Schmelze festes Material benetzen, da sich die Schmelze auf dem festen Material verteilt, anstatt zu Tropfen zu zerfallen [35]. In [36] wird daher Formel 2.3 erweitert, indem nicht von einem freien Zylinder sondern von einem segmentierten Zylinder mit Kontakt zu einem Substrat mit dem Kontaktwinkel Φ ausgegangen wird. In Bild 7 ist das Stabilitätskriterium für den freien und den segmentierten Zylinder sowie der resultierende Verlauf der Stabilitätsgrenze in Abhängigkeit des Kontaktwinkels dargestellt.

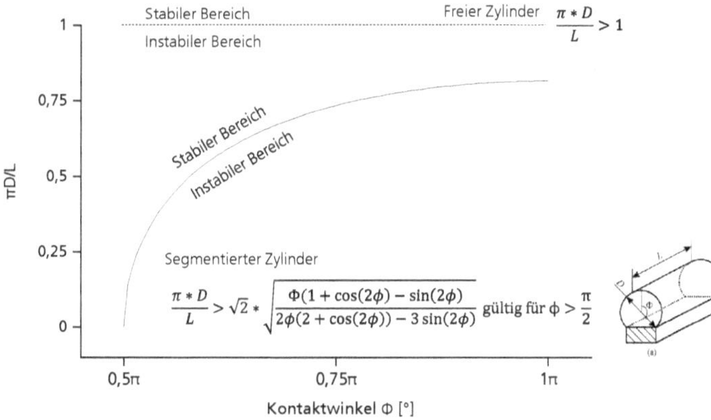

Bild 7: Plateau-Rayleigh Kriterium für den freien und segmentierten Zylinder adaptiert nach [36]

Beim segmentierten Zylinder ist das Stabilitätskriterium auch beim größtmöglichen Kontaktwinkel (Φ = π) bei einem geringeren Durchmesser-Längenverhältnis (ca. 0,81) als beim freien Zylinder erfüllt, da der segmentierte Zylinder in diesem Fall entlang einer schmalen Linie immer noch Kontakt zum Substrat hat. Eine Verkleinerung des Kontaktwinkels, also eine Vergrößerung der Benetzung des Substrats durch die Schmelze, resultiert in einer Zunahme der Stabilität. Für konstante Kontaktwinkel vergrößert sich mit einer Zunahme des Durchmesser-Längenverhältnisses der Schmelze die Stabilität. Eine Veränderung der das Plateau-Rayleigh Kriterium beeinflussenden Parameter kann sowohl durch Veränderung der LBPF-Prozessparameter als auch durch geometrische Einflüsse erfolgen:

Mit Verkleinerung des Energieeintrags durch Veränderung der LPBF-Prozessparameter, sowohl durch Verkleinerung der Laserleistung als auch durch Vergrößerung der Scangeschwindigkeit, ergibt sich eine Verkleinerung der Spurbreite und -tiefe sowie eine Vergrößerung der Spurhöhe und der Schmelzbadlänge [28, 36]. Die beschriebenen Effekte führen zu einer Vergrößerung des Kontaktwinkels und einer Verkleinerung des Durchmesser-Längenverhältnisses. Daraus resultiert eine Verkleinerung der Stabilität, welche letztendlich zu Balling führt.

Neben den Einflüssen der LPBF-Prozessparameter auf die Stabilität des Schmelzbads entsprechend des erweiterten Plateau-Rayleigh Kriteriums wird der Kontaktwinkel bzw. die Benetzung und damit die Stabilität der Schmelzspur auch von der Umgebung der Prozesszone und somit von der Geometrie beeinflusst. In Bild 8 ist schematisch die Belichtung einer Schmelzspur im Querschnitt für drei unterschiedliche Umgebungsbedingungen (Einzelspur auf Pulver, Einzelspur auf Substrat, Spurverbund auf Substrat) dargestellt.

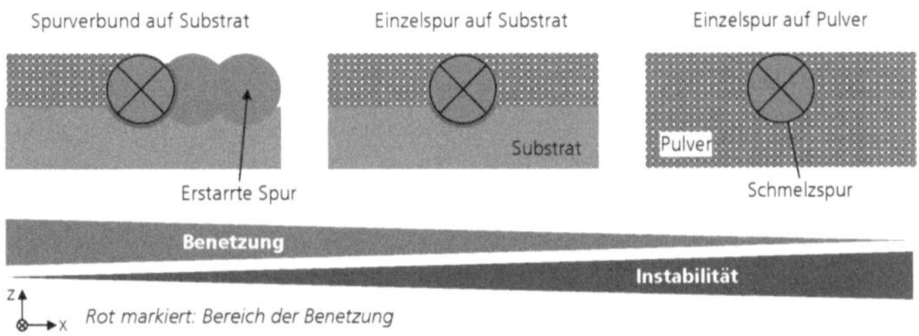

Bild 8: Schematische Darstellung unterschiedlicher Umgebungsbedingungen bei der Belichtung einer Schmelzspur, adaptiert nach [37] und [10]

Die Umgebungsbedingungen unterscheiden sich jeweils hinsichtlich des zur Benetzung zur Verfügung stehenden festen Materials: Im Spurverbund erfolgt die Benetzung an der benachbarten, bereits erstarrten Schmelzspur und am Substrat. Bei der Belichtung einer Einzelspur auf Substrat benetzt die Schmelze die Substratoberfläche. Bei der Belichtung einer Einzelspur ins Pulver ist kein festes Material zur Benetzung vorhanden. Mit Verkleinerung der Benetzung ergibt sich entsprechend des erweiterten Plateau-Rayleigh Kriteriums auch eine zunehmende Instabilität (Bild 7). Dieser Effekt wird ebenfalls durch experimentelle Untersuchungen bestätigt: Bei Verwendung von Prozessparametern, die die Formung einer stabilen Einzelspur ermöglichen, resultiert auch im Spurverbund unabhängig vom eingestellten Spurabstand eine stabile Schmelzspur [37]. Für ansonsten konstante Prozessparameter ergibt sich bei Vergrößerung der Schichtstärke eine zunehmende Instabilität der Schmelzspurbildung und letztendlich Balling, da durch den abnehmenden Kontakt zum Substrat bzw. zur vorherigen Schicht der Kontaktwinkel zunächst zunimmt, bis keine Benetzung mehr erfolgt [37]. Neben den gewählten Prozessparametern hat also die Umgebung der Prozesszone, die maßgeblich von der Geometrie des Bauteils beeinflusst wird, einen signifikanten Einfluss auf die Stabilität der Schmelzspur.

Erklärungsansätze für die Instabilität der Spurformung bei erhöhtem Energieeintrag werden in der Literatur meist einer Kombination mehrerer Effekte zugeschrieben und oftmals aus Simulationen abgeleitet [38 bis 40]. Die Absorption der Laserstrahlung erfolgt beim LPBF hauptsächlich in der Schmelze [28]. Eine Vergrößerung der Laserleistung, auch bei konstanter Volumenenergiedichte (vgl. Bild 6), resultiert in einer Vergrößerung der maximalen Schmelzbadtemperatur und einem vergrößerten Temperaturgradienten im Schmelzbad [28]. Der Massentransport innerhalb eines Fluids bzw. der Schmelze ist abhängig vom Oberflächenspannungsgradienten, welcher wiederum abhängig vom Temperaturgradienten im Schmelzbad ist. Der vergrößerte Temperaturgradient im Schmelzbad fördert somit den Massentransport, welcher auch als Marangoni Konvektion bezeichnet wird [38, 41]. Zunehmende Konvektion im Schmelzbad erzeugt eine Vergrößerung des umgeschmolzenen Volumens und eine Vergrößerung von Schmelzbadbreite und Schmelzbadtiefe [38]. Nach [28] kann sich durch die daraus resultierende Änderung der Schmelzbadmorphologie auch bei einem relativ großen Energieeintrag ein im Hinblick auf das Plateau-Rayleigh Kriterium instabiler Zustand einstellen. Erhöhte Temperaturen in der Schmelze können darüber hinaus zu einer Überschreitung der Verdampfungstemperatur an der Oberfläche der Schmelze führen [28]. Durch Verdampfung entsteht ein Rückstoßdruck, der in einer Vertiefung in dem Bereich der Schmelze, der sich direkt unter dem Laser befindet, resultiert und zu einer Vergrößerung der Schmelzbadtiefe führt. Gleichzeitig kühlt die Verdampfung den Bereich unter dem Laserspot ab [39]. Durch eine weitere Vergrößerung der Temperatur und zunehmende Verdampfung bildet sich die Kavität unterhalb des Laserspots weiter aus, bis sich eine Dampfkapillare bildet.

2.2 Defizite der konventionellen Prozessführung und neuartige Ansätze

Im Folgenden wird ein Überblick über bisherige Arbeiten gegeben, in denen die Defizite der LPBF-Fertigung adressiert werden, die aus der konventionellen LPBF-Prozessführung mit konstanten Prozessparametern und dem Einfluss der zu fertigenden Bauteilgeometrie resultieren und dementsprechend im Rahmen dieser Arbeit relevant sind. Zudem werden neuartige Ansätze zur LPBF-Prozessführung vorgestellt. Entsprechend des Verfahrensprinzips sind die Arbeiten thematisch entweder dem Verbund mehrerer Schmelzspuren (Kapitel 2.2.1) oder dem Verbund mehrerer Schichten (Kapitel 2.2.2) zuzuordnen.

2.2.1 Schmelzspuren im Spurverbund

Konventionelle Prozessführung

In der Literatur finden sich vielzählige Arbeiten, in denen unterschiedliche Teilaspekte des Einflusses der konventionellen Prozessführung im Spurverbund betrachtet werden: Neben der Umgebung der Schmelzspur (Pulver bzw. bereits umgeschmolzenes Material) [42] wird die Länge der einzelnen belichteten Scanvektoren sowie die Laserwiederkehrzeit [43, 44] als geometrieabhängige Größe untersucht. Dabei werden von den jeweiligen Autoren unterschiedliche Auswirkungen wie bspw. das resultierende Temperaturfeld [45], die Gestalt das Schmelzbads [46] sowie die Morphologie der Bauteilschicht und Fehlstellen im Bauteil diskutiert [47]. In Bild 9 sind die wesentlichen, in der Literatur betrachteten Einflussgrößen und Wirkzusammenhänge in Bezug auf die Ausprägung des Spurverbunds schematisch dargestellt.

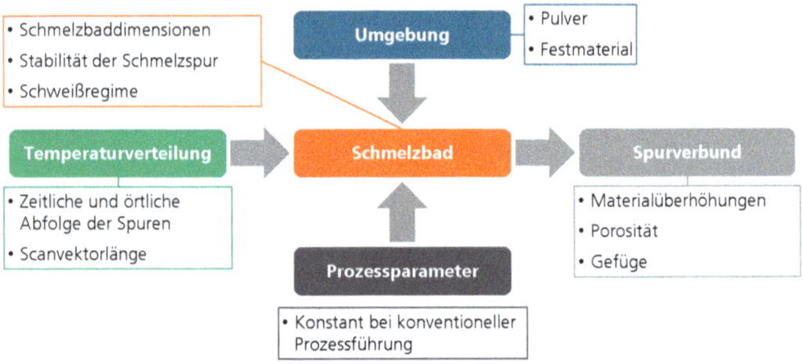

Bild 9: Schematische Darstellung der Wirkzusammenhänge bei der Belichtung im Spurverbund sowie exemplarische Einflussgrößen

Die in den einzelnen Arbeiten betrachteten Teilaspekte sind in der Darstellung in Bild 9 im Sinne einer Ursache-Wirkungs-Beziehung zusammengefasst: Unter der Annahme der bei konventioneller LPBF-Prozessführung konstanten Prozessparameter resultiert aus den von der Bauteilgeometrie abhängigen Einflussfaktoren Temperaturverteilung und Umgebungsbedingungen eine spezifische Ausprägung des Schmelzbads, bspw. charakterisiert durch die Schmelzbaddimensionen. Diese beeinflussen letztendlich den Spurverbund und damit die resultierenden Bauteileigenschaften. Im Folgenden werden diese Einflussfaktoren einzeln anhand von Beispielen aus der Literatur beschrieben.

In mehreren Arbeiten wird der sogenannte „edge effect" beschrieben, bei dem bei der Analyse der Schichttopografie LPBF-gefertigter Bauteile lokale Materialüberhöhungen im Bereich der Bauteilkanten mit Überhöhungen von bis zu 100 µm identifiziert werden [42, 48, 49] (Bild 10).

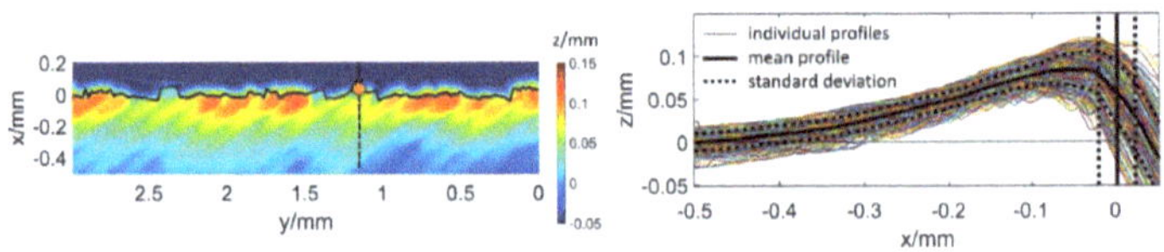

Bild 10: Exemplarische Darstellung von Materialüberhöhungen im Randbereich charakterisiert durch den „edge effect" [48]

Als ein möglicher Grund für die Überhöhungen wird der Einfluss der ersten belichteten Schmelzspur innerhalb einer Bauteilschicht angeführt: Die erste Schmelzspur ist im Gegensatz zu den folgenden Schmelzspuren innerhalb eines Spurverbunds beidseitig von Pulver umgeben, sodass mehr Material im Schmelzbad gelöst wird, woraus eine Vergrößerung der Höhe der Spur resultiert. Dieser auch als „Denudation" bekannte Effekt der Einsaugung von Pulvermaterial ins Schmelzbad wird in [40] ebenfalls für Einzelspurversuche beschrieben.[42] Gleichzeitig sind die Benetzungsbedingungen für eine Einzelspur anders als für eine Spur im Spurverbund, wie bereits in Kapitel 2.1.3 erläutert wird. Die daraus resultierenden Zunahme der Instabilität des Schmelzbads kann ebenfalls eine

Vergrößerung der Höhe der ersten Schmelzspur begünstigen und dadurch ursächlich für die Überhöhung am Anfang der Belichtung sein.

Neben den Umgebungsbedingungen resultiert aus der spezifischen, geometrieabhängigen Abfolge der Belichtung der einzelnen Schmelzspuren innerhalb einer Schicht eine spezifische Temperaturverteilung, welche ebenfalls die Charakteristik des Schmelzbads beeinflusst. In Bild 11 sind Beispiele für die Geometrieabhängigkeit der Temperaturverteilung (Bild 11a) und die daraus resultierende unterschiedliche Ausprägung des Schmelzbads (Bild 11b) dargestellt.

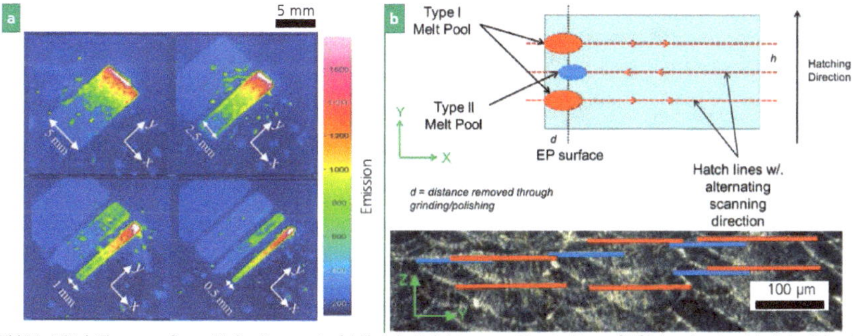

Bild 11: Mittels Thermografie ermitteltes Temperaturfeld bei der Belichtung von Stegstrukturen [45] (a) und unterschiedliche Schmelzbadtypen und -breiten in Abhängigkeit der lokalen Vorwärmung [50] (b)

Die Untersuchung der Temperaturverteilung wird mittels unterschiedlicher Methoden wie bspw. Thermografiekamera [45, 51], Pyrometer [52] oder Simulation [53] durchgeführt. Dabei wird bspw. eine Veränderung des Temperaturprofils bei der Belichtung von Stegstrukturen unterschiedlicher Stegbreite bzw. Scanvektorlänge beschrieben [45]: Durch Verkleinerung der Scanvektorlänge ergibt sich eine Vergrößerung der Temperaturschleppe in Vorschubrichtung, da die Abkühlzeiten entlang der Scanvektoren reduziert werden und sich somit ein Temperaturfeld in Vorschubrichtung aufbaut, wie in Bild 11a dargestellt ist. Zudem ergeben sich größere Spitzentemperaturen sowie größere Bereiche, an denen die Schmelztemperatur überschritten wird. In [54] wird mittels Simulation die Temperaturverteilung in dreieckigen Querschnitten untersucht und darauf basierend empfohlen soweit möglich die Scanvektorlängen auf minimal 2,5 mm zu limitieren, um lokale Überhitzungen zu vermeiden. Aus der Untersuchung der Temperaturverteilung und deren geometrieabhängiger Veränderung können zunächst allerdings keine direkten Charakteristika der gefertigten Bauteilgeometrie wie bspw. Defekte oder Abweichungen in Form- und Maßhaltigkeit des Spurverbunds bzw. gesamten Bauteils abgeleitet werden. Die Verknüpfung zwischen den Eigenschaften des gefertigten Bauteils und der Temperatur ergibt sich über die temperaturgetriebene Ausprägung des Schmelzbads hinsichtlich dessen Geometrie sowie des resultierenden Schweißregimes [50, 55]. In [50] (Bild 11b) werden bspw. unterschiedlich ausgeprägte Schmelzbäder bei der Fertigung von Probekörpern aus IN625 in Abhängigkeit der lokalen Temperatur beschrieben: Zu Beginn der Belichtung einer Spur innerhalb eines Spurverbunds wird das Schmelzbad durch die Vorwärmung der zuvor belichteten Schmelzspur beeinflusst, woraus eine Vergrößerung der Schmelzbadbreite resultiert („Type 1 Meltpool"). Zum Ende einer Spur ist die Schmelzbadbreite um ca. 25 % kleiner, da das Schmelzbad nicht mehr durch die Vorheizung der vorherigen Spur beeinflusst wird („Type 2 Meltpool"). Vergleichbare Abhängigkeiten der Schmelzbaddimensionen von lokalen Abkühlzeiten werden auch in anderen Arbeiten dargestellt [44], in denen in diesem Zusammenhang z.T. auch die sogenannte Repetitionszeit [45] oder Laserwiederkehrzeit [10, 43] als Beschreibungsgröße für die lokale Abkühlzeit und den Einfluss der Vorheizung durch zuvor belichtete Spuren eingeführt wird.

Die temperaturabhängige Heterogenität der Schmelzbaddimensionen wirkt sich letztendlich auf die Ausprägung des Schichtverbund aus, wie in den Beispielen in Bild 12 dargestellt ist.

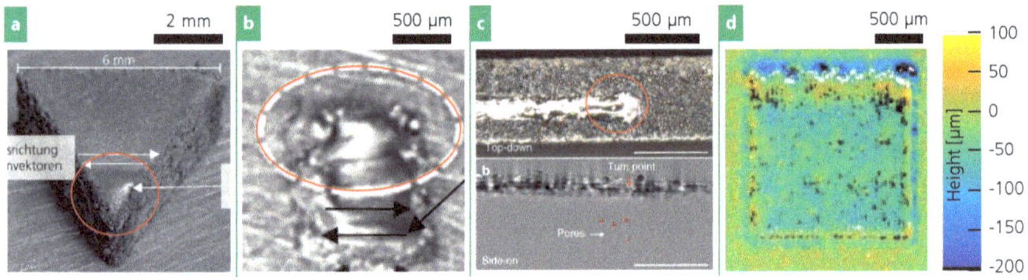

Bild 12: Lokale Überhöhungen bei kurzen Scanvektoren bei der Verarbeitung von WE43 [56] (a) und 1.4404 [43] (b) Materialanhäufungen und Porosität im Spurwechselbereich [57] (c) und lokale Überhöhungen im Spurwechselbereich [58] (d)

In [56] werden bspw. bei der Verarbeitung der Magnesiumlegierung WE43 geometrieabhängige Abweichungen der Maßhaltigkeit beobachtet (Bild 12a): Bei der Fertigung von filigranen Bauteilen wird bei Unterschreitung einer Scanvektorlänge von 2 mm eine ausgeprägte Schmelzbadausbildung bzw. Vergrößerung der Schmelzbadgröße beschrieben, die zu lokalen Materialüberhöhungen in der Oberflächentopografie der Schicht sowie einem Übermaß bei der Fertigung von Gitterstrukturen führt. Vergleichbare Beobachtungen werden in [59] bei der Belichtung eines Probekörpers mit dreieckigem Querschnitt aus X38CrMoV5-1 gemacht. In [43] wird ebenfalls der Einfluss der Scanvektorlänge bei der Verarbeitung von Edelstahl 1.4404 beschrieben (Bild 12b): Kurze Scanvektoren in Verbindung mit einer mäanderförmigen Scanstrategie führen zu einer lokalen Temperaturerhöhung und einer den Betrag des Spurabstands überschreitenden

Schmelzbadbreite. Resultat ist eine Vergrößerung der Menge an umgeschmolzenem Material und lokale Materialüberhöhungen, die den Aufbau von Stegstrukturen teilweise verhindern, da aufgrund der lokalen Überhöhungen ein Pulverauftrag nicht mehr möglich ist und die dünnwandigen Probekörper nach einer Kollision mit dem Beschichter von der Bauplattform getrennt werden. In [42] wir ebenfalls eine Kollision zwischen dem Beschichter und aufgrund von lokalen Überhöhungen aus dem Pulverbett ragenden Bauteilbereichen beschrieben, die zu einem inhomogenen Pulverauftrag führt. Auch bei der Belichtung relativ langer Scanvektoren (Scanvektorlängen über 5 mm) in Verbindung mit der beim LPBF typischerweise eingesetzten mäanderförmigen Belichtungsstrategie werden neben der bereits beschriebenen lokalen Vergrößerung der Schmelzbadbreite im Spurwechselbereich im Vergleich zum stationären Zustand Materialüberhöhungen von bis zu 100 µm beschrieben [43, 57, 58], wie in Bild 12c/d dargestellt. Die Autoren in [57] berichten zudem über Poren in einer Tiefe von ca. 250 µm, deren Ursache auf die lokal vergrößerte Temperatur im Spurwechselbereich und der daraus resultierenden Ausbildung eines Keyholes zurückgeführt wird (Bild 12c). Die zugrundeliegenden Effekte der Keyholeporosität werden bspw. auch in [60, 61] beschrieben. In [62] wird zudem der Einfluss der Kantenlänge würfelförmiger Probekörper aus TiAl6V4 auf die relative Dichte untersucht, wobei eine geometrieabhängige Verkleinerung der relativen Dichte ausgehend von 99,7 % (5 mm Kantenlänge) auf bis zu 95,3 % (1 mm Kantenlänge) beobachtet wird, den die Autoren auf lokale Überhitzungen durch die Verkleinerung der Scanvektorlänge zurückführen. In Bezug auf relativ lange Scanvektoren ergeben sich ebenfalls Einflüsse der Scanvektorlänge, wobei insbesondere bei relativ langen Scanvektoren und Werkstoffen mit einer relativ großen Wärmeleitfähigkeit wie z.B. AlSi10Mg mit Vergrößerung der Scanvektorlänge zunehmend Porosität auftritt. Diese resultiert aus einer zu großen Abkühlung entlang der Scanvektoren, einem daraus resultierenden verminderten Vorheizeffekt durch die zuvor belichtete Spur und letztlich in einer unzureichenden schmelzmetallurgischen Verbindung zwischen den Schmelzspuren [10, 47].

Neuartige Ansätze zur LPBF-Prozessführung

Die Hersteller kommerzieller LBPF-Anlagen haben durch Weiterentwicklungen ihrer Aufbereitungssoftwares bzw. Buildprozessoren verschiedene Ansätze zur Umsetzung geometrieangepasster Prozessführungsstrategien implementiert und den Anwendern zugänglich gemacht: Seit der Version 2.2 der Aufbereitungssoftware EOSprint für LPBF-Anlagen des Herstellers EOS GmbH kann der Energieeintrag in Abhängigkeit der Länge der Scanvektoren über die Funktion „Energy Input Homogenization" vom Anwender beeinflusst werden. Über die Funktion „Power Reduction Factor" kann eine Anpassung der Laserleistung in Abhängigkeit der Scanvektorlänge eingestellt werden: Je kleiner die Scanvektorlänge ist, desto kleiner die Laserleistung, mit der der entsprechende Scanvektor bearbeitet wird. Andererseits kann über die Funktion „Time Homogenization" die Belichtungszeit der Scanvektoren aneinander angeglichen werden, indem

Scanvektoren mit einer geringeren Länge als die maximale Streifenbreite am Scanvektoranfang und -ende entsprechend verlängert werden. Alle Scanvektoren werden dann mit der Länge der maximalen Streifenbreite vom Scanner abgefahren, der Laser wird jedoch nur auf der zu belichtenden Strecke eingeschaltet. Daraus ergibt sich für kurze Scanvektoren eine entsprechende Warte- bzw. Abkühlzeit vor und nach der Belichtung. Der wesentliche Nachteil dieser Funktion ist die Vergrößerung der Belichtungszeit, insbesondere bei filigranen Bauteilen mit einer relativ großen Anzahl kurzer Scanvektoren.[20] Einen mit der „Time Homogenization" vergleichbaren Ansatz hat ebenfalls die Firma Trumpf in den aktuellen Build Processor (Version 3.0) der TruPrint Anlagen für Materialise Magics integriert [18]. Experimentelle Untersuchungen mit einer scanvektorspezifischen Anpassung der Abkühlzeiten werden in [45] präsentiert, indem Stegstrukturen mit einer scanvektorlängenabhängigen Wartezeit belichtet werden und mittels Thermografiekamera die resultierenden Emissionen in der Prozesszone untersucht werden (vgl. Bild 13a). Die Referenzlänge der Wartezeit ist dabei auf eine Scanvektorlänge von 10 mm eingestellt.

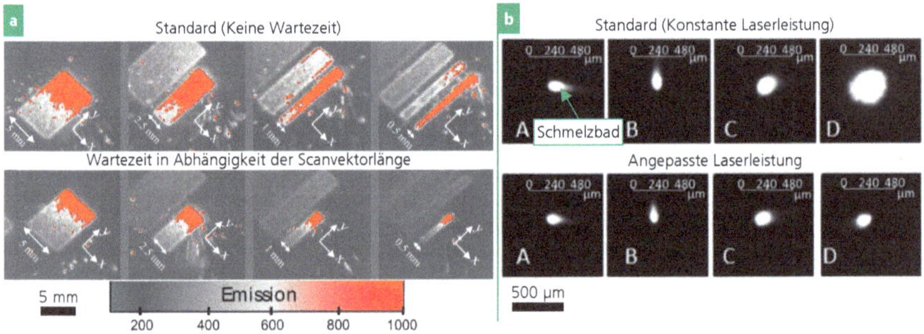

Bild 13: Mittels Thermografiekamera gemessene Emissionen beim Einfügen von Wartezeiten in Abhängigkeit der Scanvektorlänge [45] (links) und mittels Hochgeschwindigkeitskamera gemessene Schmelzbadfläche bei lokal angepasster Laserleistung [46] (rechts)

Durch die Wartezeit kann das Temperaturfeld in Vorschubrichtung unabhängig von der Länge der Scanvektoren homogenisiert und eine entsprechende Angleichung der thermischen Bedingungen erreicht werden. Auswirkungen auf die Gestalt der resultierenden Probekörper werden von den Autoren jedoch nicht präsentiert. In [46] wird eine prädiktive Anpassung der Laserleistung auf Basis eines machine-learning Modells demonstriert (Bild 13b). Dazu wird ein Testmuster zunächst mit konstanter Laserleistung belichtet und die Schmelzbadfläche mit einer im Strahlengang befindlichen Hochgeschwindigkeitskamera gemessen. Die flächenbezogene Größe des Schmelzbads dient als Eingangsgröße für das machine-learning Modell, welches anhand dieser Informationen in einer zweiten Belichtung eine Anpassung der Laserleistung vornimmt, um eine möglichst konstante

Schmelzbadgröße zu realisieren. Durch diesen Ansatz kann in den durchgeführten Versuchen die Standardabweichung der Schmelzbadfläche um ca. 75 % reduziert werden. Als Gegenmaßnahme für lokale Überhöhungen im Spurwechselbereich wird in [46] die Anpassung der Laserleistung innerhalb der Scanvektoren über ein rampenförmiges Laserleistungsprofil untersucht. Dazu wird die Laserleistung am Ende der Belichtung des Scanvektors verkleinert. Die Überhöhung kann zwar vermieden werden, durch eine unausgewogene Leistungsanpassung werden allerdings gleichzeitig Poren im Kernbereich des Probekörpers erzeugt. [42] Weitere Autoren empfehlen ein Herunterregeln der Laserleistung am Spurende, einerseits zur Vermeidung lokaler Vergrößerungen des Schmelzbads im Spurwechselbereich [43] oder zur Vermeidung von Poren, die durch Keyhole Bildung erzeugt werden [38]. In [57] kann durch eine identische Strategie erfolgreich Porosität im Spurwechselbereich vermieden werden. Eine Anpassung der Laserleistung in Abhängigkeit der Scanvektorlänge wird in [56] vorgeschlagen, aufgrund mangelnder technischer Möglichkeiten jedoch nicht experimentell umgesetzt. Auch weitere Autoren merken die Herausforderung der technischen Realisierung bzw. die mangelnde Verfügbarkeit tauglicher LPBF-Anlagen zur Umsetzung einer Leistungsanpassung sowohl innerhalb einzelner Scanvektoren als auch vektorweise an [43, 46].

Abschließend soll an dieser Stelle zudem darauf verwiesen werden, dass neben den beschriebenen Ansätzen zur prädiktiven Anpassung der Prozessparameter weitere Arbeiten auch die Echtzeit-Anpassung der Laserleistung während des LPBF-Prozesses auf Basis von Sensorsignalen adressieren. In [63] wird bspw. die Schmelzbademission über eine im Strahlengang befindliche Photodiode detektiert: Über einen PID-Regler mit empirisch ermittelten Parametern wird die Laserleistung entsprechend des Signals der Photodiode angepasst, um eine möglichst homogene Schmelzbademission zu erreichen. Ein weiteres Beispiel ist die Anpassung der Laserleistung im Prozess basierend auf der mittels Pyrometer gemessenen Schmelzbademission [64], ebenfalls mit der Zielsetzung eine möglichst konstante Schmelzbademission zu erreichen.

2.2.2 Schichtverbund

Konventionelle Prozessführung

In Bezug auf die Fertigung im Schichtverbund ergeben sich die wesentlichen Defizite bei der LPBF-Fertigung aufgrund innerer Spannungen im Bauteil [59, 65, 66]. Diese resultieren bspw. in einem Verzug des Bauteils oder Spannungsrissen. Im Folgenden werden die Einflüsse der konventionellen Prozessführung auf die Bildung innerer Spannungen bzw. Bauteilverzug exemplarisch anhand der Fertigung von Überhangprobekörpern bzw. des erreichbaren stützenfreien Überhangwinkels beschrieben, da diese neben der Einbußen in der Bauteilqualität ein für die Anwender wesentliches Hindernis im Hinblick auf die Designfreiheit bei der Verwendung des LPBF-Verfahrens darstellen [6, 16].

Bei der Fertigung von Überhangstrukturen sind gemäß der LPBF-spezifischen Konstruktionsrichtlinien bei Unterschreitung des sogenannten kritischen Überhangwinkels [67] von ca. 45° (Winkel zwischen Bauteiloberfläche und der Ebene der Substratplatte) Stützstrukturen notwendig [16, 17, 21, 68]. Die Stützstrukturen dienen dazu, die Überhangstruktur mechanisch an die Substratplatte oder bereits gefertigte Bauteilbereiche anzubinden, um dem aufgrund der großen Temperaturgradienten (5 bis 20 K/µm [55]) durch innere Spannungen entstehenden Bauteilverzug entgegenzuwirken [69]. In Bezug auf die Temperatur und die daraus resultierenden inneren Spannungen und Verzüge ist dabei der wesentliche Treiber die inhomogene Temperaturverteilung innerhalb des Überhangbereichs bzw. des gesamten Bauteils. In Abhängigkeit der Wärmeleitfähigkeit des Werkstoffs und der durch die in der Nähe des Pulvers deutlich herabgesetzten Wärmeleitfähigkeit [55, 69] ergibt sich zudem in der Nähe der Prozesszone des Überhangs ein Wärmestau, der die inhomogene Temperaturverteilung und damit innere Spannungen und Verzug fördert.[70]

Zur Untersuchung der Auswirkungen des Bauteilverzugs finden sich in der Literatur Arbeiten, die die Fertigung von Überhangstrukturen bzw. die Verkleinerung des kritischen Überhangwinkels adressieren: Dazu werden Probekörper mit Variation des Überhangwinkels gefertigt. Die Überhangwinkel sind dabei entweder über die Bauhöhe der jeweiligen Probekörper konstant oder variabel, indem bogenartige Probekörper gefertigt werden. Des Weiteren wird der Bauteilverzug durch die Fertigung von Twincantilevern und die Vermessung des Verzugs nach dem Auftrennen der Stützstrukturen untersucht. In allen Arbeiten wird der Einfluss der Prozessparameter sowie der Scanstrategie oder eine Auswahl daraus betrachtet. Als primäres Bewertungskriterium wird typischerweise zunächst der Verzug der Bauteile verwendet. Teilweise wird bei der Fertigung von Überhangprobekörpern zudem die Rauheit im Überhangbereich ermittelt, wobei insbesondere bei relativ kleinen Überhangwinkeln die grundsätzliche Baubarkeit im Vordergrund steht. Im Folgenden werden die wesentlichen Erkenntnisse zusammengefasst:

In Bezug auf die Scanstrategie resultiert sowohl bei der Fertigung von Überhangprobekörpern als auch Twincantilevern der geringste Verzug bei Verwendung einer vom Vollmaterial ins Pulver gerichteten Vorschubrichtung mit parallel zur Außenkante des Überhangs angeordneten Scanvektoren [59, 69, 71, 72]. Bei der Fertigung von Überhangprobekörpern erweisen sich zudem im Vergleich zur Inskin Belichtung relativ große Scangeschwindigkeiten (bis zu 2500 mm/s) als förderlich zur Verkleinerung des kritischen Überhangwinkels [69, 73, 74]. Die Autoren begründen dies meist mit der einhergehenden Verkleinerung des Energieeintrags in der Prozesszone und einem dadurch reduzierten Wärmestau. Ähnliche Begründungen ergeben sich in vielen Fällen in Bezug auf den Einfluss der Laserleistung, bei der eine Verkleinerung im Vergleich zum Parametersatz zur Bearbeitung des Inskin zu einer Verkleinerung des kritischen Überhangwinkels führt, wie z.B. in [74] und [69] berichtet wird. Andere Quellen berichten dagegen von einem zunehmend instabilen Prozessverhalten bei der Verkleinerung des Energieeintrags bei der Fertigung von Überhangprobekörpern [67].

Während bei der Untersuchung von Überhangprobekörpern der Einfluss der Schichtstärke typischerweise nicht betrachtet wird, hat sich bei der Fertigung von Twincantilevern eine Vergrößerung der Balken- bzw. Schichtstärke als effektive Maßnahme zur Verkleinerung des Verzugs erwiesen [65]. So kann bspw. durch eine Vergrößerung der Schichtstärke von 25 µm auf 100 µm der Verzug um 75 % verkleinert werden [59]. Offenbar wird durch eine Vergrößerung der Schichtstärke die Steifigkeit der gefertigten Bauteile vergrößert und damit die resultierende plastische Verformung verkleinert [70]. Als weiterer Einflussfaktor wird zudem der Abstand zum Pulverbett, in dem eine Anpassung der Prozessparameter vorgenommen wird, angeführt. Um eine Beeinflussung des Überhangbereichs durch die Parameter im Inskin zu vermeiden, muss insbesondere bei Probekörpern mit relativ kleinen Überhangwinkeln (z.B. 30°) die Verwendung der angepassten Überhangprozessführung in einem Abstand von mehreren Millimetern zum Pulverbett erfolgen, wobei diese Forderung aufgrund des im Überhangbereich typischerweise reduzierten Energieeintrags oftmals mit einer Zunahme der Porosität einhergeht. [69, 75]

Insgesamt kann der kritische Überhangwinkel ausgehend von 45° entsprechend der LPBF-Konstruktionsrichtlinien durch die beschriebenen Maßnahmen in mehreren Arbeiten auf bis zu 25° reduziert werden (Bild 14).

Bild 14: Probekörper mit kritischen Überhangwinkeln von 30° [75] (a) bzw. 25° sowie Querschliff des Überhangbereichs [69] (b)

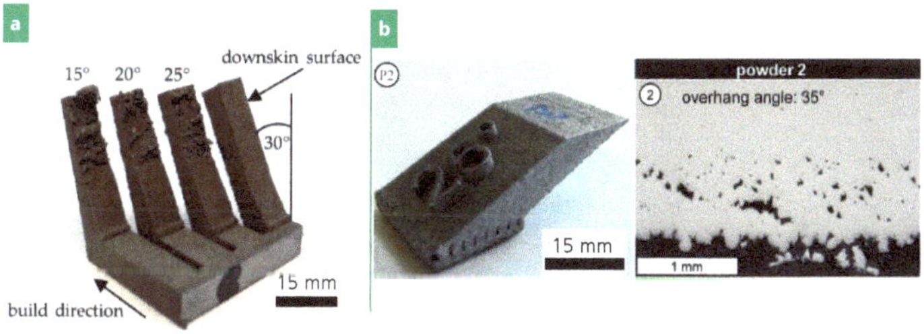

Dabei ist anzumerken, dass die von den Autoren untersuchten Probekörper zwar hinsichtlich der Überhangwinkel ähnlich sind, die Probekörper sich in ihrer Grundgestalt und den für die Baubarkeit relevanten Dimensionen (Länge des Überhangbereichs sowie Breite der Probekörper) unterscheiden. Zudem berichten die Autoren aller Arbeiten von einer zunehmenden Porosität im Überhangbereich, wie in Bild 14b ersichtlich ist. In allen Arbeiten werden jedoch Überhangprobekörper untersucht, deren Seitenkanten frei ins Pulverbett ragen und nicht an die Substratplatte angebunden sind (vgl. auch Bild 15a).

Neuartige Ansätze zur Verkleinerung des kritischen Überhangwinkels

Auch die Hersteller kommerzieller LBPF-Anlagen haben in den vergangenen Jahren Weiterentwicklungen auf dem Weg zur oftmals als „SupportFree" betitelten [76, 77] LPBF-Prozessführung präsentiert, wobei sowohl auf die angewandten Strategien zur Prozessführung als auch deren spezifische Grenzen meist nicht oder nur relativ unkonkret eingegangen wird (Bild 15).

Bild 15: Unterschiedliche Überhangtypen nach Velo3D [77] (a) Stützenfrei gefertigtes Bauteil mit Überhangwinkel von 13° von Delva Oy [78] (b)

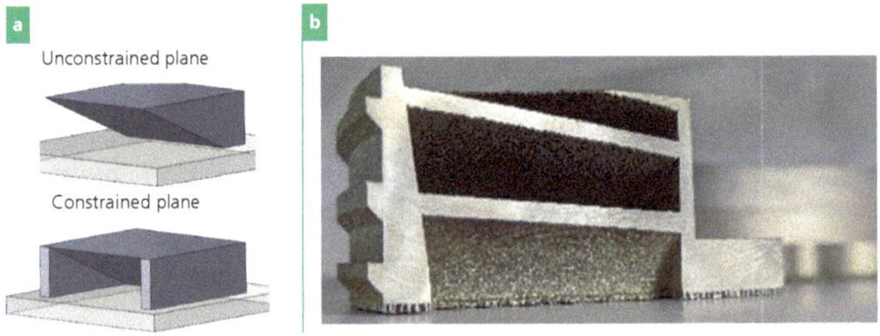

Das US-amerikanische Unternehmen Velo3D Inc. bewirbt mit seiner Anlage „Saphire System" in Verbindung mit der Aufbereitungssoftware „Flow" die additive Fertigung mittels der auf dem LPBF-Verfahren basierenden Technologie „Intelligent Fusion": Durch eine geometriefeatureabhängige Datenaufbereitung in Kombination mit einer nicht näher beschriebenen Closed-Loop-Regelung des Schmelzprozesses und eines kontaktlosen Pulverauftragsmechanismus soll die Menge an benötigten Stützstrukturen im Vergleich zum konventionellen LBPF um den Faktor drei bis fünf reduziert werden können. [79] Dabei sollen freie Überhangstrukturen („unconstrained plane") bis zu einem Winkel von 18° unabhängig von der Bauhöhe und seitlich unterstützte Überhangstrukturen („constrained plane") in Abhängigkeit der Größe des Geometrieelements auch mit einem Winkel von bis zu 10° gefertigt werden können (vgl. Bild 15a) [77]. Der LPBF-Anlagenhersteller SLM-Solutions bewirbt mit der Datenaufbereitungssoftware „FreeFloat" ähnliche Möglichkeiten hinsichtlich der Fertigung von Überhangstrukturen mit Winkeln von bis zu 10°, wobei keine Angaben über geometrieabhängige Einschränkungen gemacht werden [76]. Weitere Case-Studies zur sogenannten „supportfreien" Fertigung werden bspw. seitens des finnischen LPBF-Dienstleister Delva Oy in Kooperation mit dem Anlagenhersteller EOS GmbH veröffentlicht: Dort kann die Fertigung eines Turbomaschinenbauteils mit Überhangstrukturen mit beidseitig unterstützen Seitenkanten und Überhangwinkeln von bis zu 13° realisiert werden (Bild 15b) [78]. Die Firma DMG Mori AG verfolgt mit „Heat Calculation" einen Ansatz zur dynamischen Prozessführung, indem über eine Voxel (volumetrische Pixel)-Repräsentation des Bauteils ein Vergleichswert zur Bestimmung der lokalen Materialmenge („thermische Masse") bestimmt wird, anhand dem eine Anpassung der Prozessparameter Scangeschwindigkeit und Laserleistung durchgeführt wird. Zielsetzung ist insbesondere eine verbesserte Bauteilqualität bei der Fertigung von Überhangstrukturen und eine Verkleinerung des kritischen Überhangwinkels zu erreichen, wobei keine konkreten Angaben zu minimalen Winkeln gemacht werden.[73]

Insbesondere für industrielle Anwender des LPBF-Verfahrens hat die Reduzierung des kritischen Überhangwinkels eine große Relevanz, da aus diesen Bestrebungen wesentliche Vorteile im Hinblick auf bisher geltende Restriktionen hinsichtlich des Bauteildesigns resultieren. Zudem kann durch eine Reduzierung der benötigten Stützstrukturen im Hinblick auf die gesamte LPBF-Prozesskette der Aufwand für die Nachbearbeitung (Stützenentfernung) reduziert werden.

Weitere Arbeiten zur Prozessführung im Schichtverbund

Im Bereich grundlegender Forschungsarbeiten adressieren weitere Autoren den Einfluss bereits gebauter Bauteilbereiche sowie der Pausenzeit zwischen der Belichtung der einzelnen Schichten auf die Eigenschaften LPBF gefertigter Bauteile. [45, 80, 81]

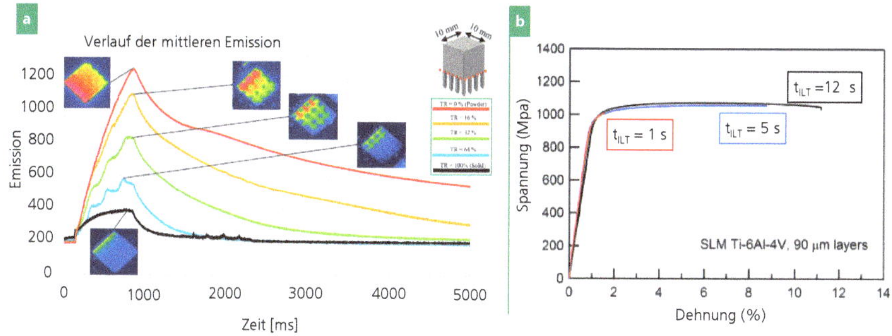

Bild 16: Mittlere Emissionsverläufe in Abhängigkeit der darunter liegenden Bauteilbereiche [45] (a) und Abhängigkeit der mechanischen Eigenschaften von der Inter-Layer-Time [80] (b)

In [45] wird bspw. unter Verwendung einer Thermografiekamera der Einfluss bereits gebauter Bauteilbereiche auf die maximale Emission und die Abkühlung in Abhängigkeit der Zeit untersucht (Bild 16a): Bei der Belichtung direkt ins Pulver wird dabei eine um den Faktor drei größere maximale Emission detektiert als bei der Belichtung von Vollmaterial. Zudem ergeben sich signifikant verlängerte Abkühlzeiten in Abhängigkeit der zuvor gebauten Bauteilschichten: Während bei der Belichtung eines massiven Probekörpers nach ca. 700 ms nach Ende der Belichtung die Ausgangsemission erreicht ist, ergeben sich für filigrane Geometrien unterhalb der aktuell belichteten Schicht Abkühlzeiten von mehreren Sekunden. Diese Beobachtungen korrespondieren mit den Untersuchungen in [80], in denen ebenfalls unter Verwendung einer Thermografiekamera der Einfluss der Inter-Layer-Time (Pausenzeit zwischen der Belichtung zweier aufeinanderfolgender Schichten) auf die Prozessemissionen beschrieben wird. Eine relativ kurze Inter-Layer-Time von 18 s resultiert dabei in einer Zunahme der Prozessemissionen über die Bauhöhe sowie einer Vergrößerung der Schmelzbadtiefe. Eine relativ lange Inter-Layer-Time (65 s) ergibt keine Zunahme der Prozessemissionen über die Bauhöhe und eine im Mittel um ca. 20 % kleinere Schmelzbadtiefe. In einem weiteren Versuch kann zudem ein Einfluss der Inter-Layer-Time auf die Bruchdehnung festgestellt werden (Bild 16b), die sich bei Vergrößerung der Inter-Layer-Time ebenfalls vergrößert.

3 Vorgehensweise

3.1 Problemstellung, Zielsetzung und Forschungsfrage

Die wesentlichen Forderungen der Anwender zur Weiterentwicklung des LPBF-Verfahrens im Hinblick auf einen großflächigen Einsatz der Fertigungstechnologie in der Serienfertigung betreffen eine Vergrößerung der Aufbaurate, eine gleichbleibende und geometrieunabhängige Bauteilqualität, eine Vergrößerung der Prozessrobustheit sowie eine Verkleinerung der konstruktiven Hürden zur Sicherstellung eines fertigungsgerechten Bauteildesigns [7 bis 9]. In Bezug auf diese Forderungen ergeben sich im Stand der Technik folgende Lücken in Bezug auf die LPBF-Prozessführung, die im Rahmen der vorliegenden Arbeit systematisch erweitert werden sollen:

- Bislang existieren keine in die praktische Anwendung übertragenen Ansätze zur prädiktiven Anpassung von Prozessparametern ohne Veränderungen der Anlagenhardware zur Vergrößerung der Bauteilqualität für den Werkstoff TiAl6V4 und zur Kontrolle des Schmelzbads

- Bislang existieren keine systematischen Untersuchungen zur Reduzierung des Verzugs am Beispiel der Fertigung von Überhangstrukturen und der Verkleinerung des kritischen Überhangwinkels unter Berücksichtigung verzugshemmender Mechanismen für den Werkstoff TiAl6V4

- Bislang existieren keine Untersuchungen der typischerweise verwendeten LBPF-Anlagen und -Steuerungstechnik im Hinblick auf deren Tauglichkeit zur Umsetzung einer adaptiven LPBF-Prozessführung

- Die Freiheiten der digitalen Prozesskette der LPBF-Fertigung werden nur in geringfügigem Maße genutzt und ermöglichen keine anwenderspezifische Einflussmöglichkeit durch eine adaptive Prozessführung mit entsprechenden Einbußen in Bezug auf die Aufbaurate und Einflussmöglichkeiten durch den Anwender

Basierend auf der skizzierten Problemstellung ist das Ziel dieser Arbeit die Entwicklung einer LPBF-Prozessführung, mit der durch eine adaptive Anpassung der LPBF-Prozessparameter und -Prozessführungsstrategien ermöglicht wird, die geometrietreue und Prozessrobustheit innerhalb des Spurverbunds zu vergrößern, die Menge an notwendige Stützstrukturen zu reduzieren und die Aufbaurate zu vergrößern. Eine wesentliche Rahmenbedingung besteht dabei darin, zur Zielerreichung keine Modifikationen an der LPBF-Anlagentechnik durchzuführen. Die adaptive LPBF-Prozessführung wird im Rahmen der Datenaufbereitung, vor der

Durchführung des Baujobs festgelegt, sodass keine Anpassung von LPBF-Prozessparametern während der Fertigung (z.B. durch Closed-Loop-Regelung) erfolgt. Dadurch soll insbesondere eine schnelle Übertragbarkeit der im Rahmen dieser Arbeit demonstrierten Ansätze auf bereits verfügbare LPBF-Anlagen sichergestellt werden.

Ausgehend von der skizzierten Zielsetzung und unter Berücksichtigung der Rahmenbedingungen ergeben sich folgende Forschungsfragen, die im Rahmen dieser Arbeit beantwortet werden sollen:

1. Welche Defizite ergeben sich bei Verwendung einer konventionellen LPBF-Prozessführung für TiAl6V4
    I. Innerhalb des Spurverbunds einer Bauteilschicht?
    II. Bei der stützenfreien Fertigung von Überhangstrukturen?
    III. Im Hinblick auf die Aufbaurate?
2. Wie muss die LPBF-Anlagensteuerung angepasst und die LPBF-Anlagentechnik charakterisiert werden, um eine adaptive Prozessführung technisch zu realisieren?
3. Wie kann eine LPBF-Prozessführung entwickelt werden, mit der durch adaptiv angepasste LPBF-Prozessparameter und -Prozessführungsstrategien den durch die konventionelle LPBF-Prozessführung entstehenden Defiziten begegnet werden kann?

3.2 Vorgehen

Zur Erreichung der Zielsetzung dieser Arbeit und zur Beantwortung der im vorherigen Kapitel formulierten Forschungsfragen wird die Arbeit in die in Bild 17 dargestellten Kapitel gegliedert.

Nr.	Kapitel			
1	Einleitung	Einordnung der Arbeit in den gesellschaftlichen und produktionstechnischen Gesamtkontext		
2	Stand der Forschung und Technik	Übersicht über bisherige Arbeiten zum LBPF mit Bezug zur adaptiven LPBF-Prozessführung		
3	Vorgehensweise	Erarbeitung von Problemstellung, Zielsetzung und Forschungsfragen und Ableiten des Vorgehens		
4	Voruntersuchungen	**Schicht** Einflussfaktoren auf die Geometrietreue innerhalb einer Bauteilschicht	**Überhangstrukturen** Bestimmung des kritischen Überhangwinkels für Überhangprobekörper	**Aufbaurate** Untersuchung der Geometrieabhängigkeit der Aufbaurate
		Zwischenfazit der Voruntersuchungen und Ableitung des Handlungsbedarfs		
5	Anlagen- und Steuerungstechnik	**Laser- und Scannersteuerung** Anpassung der Laser- und Scannersteuerung für die adaptive Prozessführung	**Laserstrahlquelle** Charakterisierung der Laserstrahlquelle für die adaptive Prozessführung	**Baujobdaten** Entwicklung eines für die adaptive Prozessführung tauglichen Datenformats
6	Adaptive Prozessführung	**Schicht** Reduzierung von lokalen Überhöhungen und unregelmäßiger Schmelzbaderstarrung	**Überhangstrukturen** Reduzierung des kritischen Überhangwinkels durch Reduktionsverfahren	**Aufbaurate** Identifikation von Stellhebeln und Demonstration der Vergrößerung der Aufbaurate
7	Anwendungserprobung	**Datenaufbereitung** Datenaufbereitung zur Übertragung der adaptiven Prozessführung auf komplexe Bauteile	**Bauteilfertigung** Demonstration der adaptiven Prozessführung anhand komplexer Geometrien	

Bild 17: Übersicht über die Kapitel dieser Arbeit

Die vorliegende Arbeit ist in sieben Hauptkapitel gegliedert. Ausgehend vom gesellschaftlichen und produktionstechnischen Gesamtkontext wird in Kapitel 1 zunächst in Bezug auf die aus der Perspektive der LPBF-Anwender vorherrschenden Defizite des LPBF-Prozesses das Thema der Arbeit motiviert.

Im Rahmen von Kapitel 2 wird ein Überblick über die wesentlichen Zusammenhänge zur Schmelzspurformung und -stabilität, bekannte Defizite der konventionellen LPBF-Prozessführung sowie bereits bekannte Ansätze zur Umsetzung adaptiver Prozessführungsstrategien gegeben.

Basierend auf der in den ersten beiden Kapiteln dargestellten Übersicht zur Motivation, den Herausforderungen und dem aktuellen Stand der Technik wird in Kapitel 3 die Zielsetzung der Arbeit sowie die Forschungsfragen und das Vorgehen zu deren Beantwortung abgeleitet und die Materialien und Methoden vorgestellt.

In Kapitel 4 werden im Rahmen von Voruntersuchungen die Defizite der konventionellen LPBF-Prozessführung unter Verwendung des im Rahmen der Arbeit untersuchten Werkstoffs TiAl6V4 konkretisiert: Dazu werden im Einzelnen die geometrischen Abweichungen im Spurverbund, die Grenzen der Baubarkeit von Überhangstrukturen ohne Stützstrukturen im Schichtverbund sowie die Einflüsse der Bauteilgeometrie und der Prozessparameter auf die Aufbaurate untersucht. Auf Basis der Voruntersuchungen wird in einem Zwischenfazit daraufhin der konkrete Handlungsbedarf für die folgenden Kapitel abgeleitet.

In Kapitel 5 werden die zur Umsetzung einer adaptiven Prozessführung notwendigen Anpassungen der Steuerungstechnik sowie die Charakterisierung der Anlagentechnik durchgeführt. Dazu zählen im Einzelnen die Ansteuerung des Galvanometerscanners und der dynamischen Fokussiereinheit sowie des Lasers. Der Laser wird zudem im Hinblick auf eine dynamische Anpassung der Laserleistung charakterisiert. Zudem erfolgt die Entwicklung eines zur Umsetzung der adaptiven LPBF-Prozessführung tauglichen Datenformats.

In Kapitel 6 wird zur Anpassung der geometrischen Abweichungen im Spurverbund zunächst die Wirksamkeit einer lokalen Anpassung der Laserleistung an massiven Probekörpern geprüft. Im Zuge der Übertragung der gewonnen Erkenntnisse auf filigrane Bauteile wird zusätzlich eine dynamische Anpassung des Spurabstands untersucht. Zur Fertigung von Überhangstrukturen und der Verkleinerung des kritischen Überhangwinkels werden Maßnahmen zur Verkleinerung des Verzugs in Analogie zur Schweißtechnik identifiziert und untersucht, inwiefern diese auf den LPBF-Prozess übertragen werden können. Zudem werden die geometrischen Grenzen, die erzielbare relative Dichte und der zu berücksichtigende Downskinbereich ermittelt. In Kapitel 6.3 wird modellhaft der Einfluss der unterschiedlichen LPBF-Prozessparameter auf die Vergrößerung der Aufbaurate in Form einer Sensitivitätsanalyse untersucht. Basierend auf den Ergebnissen wird exemplarisch eine Vergrößerung der Aufbaurate durch eine dynamische Anpassung des Spurabstands, der Laserleistung und des Laserstrahldurchmessers in der Prozesszone demonstriert.

In Kapitel 7 erfolgt die abschließende Demonstration der Tauglichkeit der entwickelten adaptiven LPBF-Prozessführung anhand von Anwendungsbeispielen. Dazu wird zunächst der Aufbau des im Rahmen der Arbeit entwickelten Softwaredemonstrators zur Datenaufbereitung vorgestellt, um die adaptive Prozessführung auf komplexe Bauteile übertragen zu können. Mithilfe der entwickelten Datenaufbereitungssoftware erfolgt die Fertigung von Bauteildemonstratoren.

3.3 LPBF-Laboranlage

Anlagentechnik

Zur Durchführung der Versuche wird eine in Kooperation mit der Firma Aconity3D GmbH entwickelte LPBF-Laboranlage verwendet, welche in Bild 18 dargestellt ist.

Bild 18: Abbildung der im Rahmen der Arbeit verwendeten LPBF-Laboranlage (Vorderansicht)

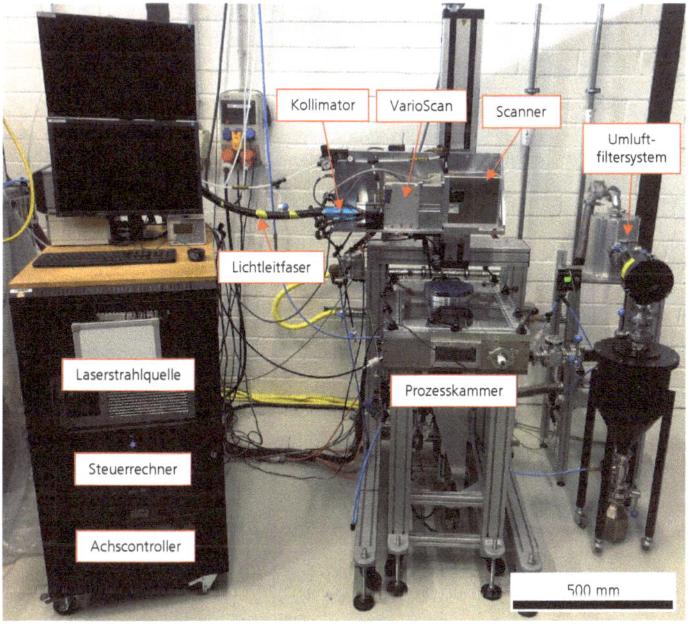

Die Prozesskammer der LPBF-Anlage verfügt über eine Bauplattform mit einem Durchmesser von Ø 98 mm bei einer maximalen Bauhöhe von 150 mm. Die Prozesskammer wird für alle Versuche mit Argon der Reinheitsstufe 4.6 geflutet, wobei während des Bauprozesses ein Restsauerstoffgehalt von weniger als 20 ppm sichergestellt wird. Die Umwälzung des Schutzgasgases zur Abführung und anschließenden Filtration der Prozessnebenprodukte (Schweißspritzer und Rauch) erfolgt mittels einer Pumpe des Typs Becker VASF 1.80/1, welche über die am Fraunhofer ILT entwickelte Steuerungssoftware WagoBock eine Leistungsvorgabe in Form einer Steuerspannung zwischen 0 V und 10 V erhält. Die Strömungsgeschwindigkeit wird auf der Schutzgaszuführungsseite mit Hilfe einer Strömungssonde gemessen. Die Pumpleistung wird zum Prozessstart auf die maximale Strömungsgeschwindigkeit eingestellt, bei der kein Pulver von der Bauplattform abgesaugt wird. Während der Versuchsdurchführung und mit zunehmender Filterbelegung wird die Pumpenleistung durch die Steuerungssoftware automatisch geregelt, um über den gesamten Bauprozess eine konstante Strömungsgeschwindigkeit in der Prozesszone sicherzustellen. Die Auslegung der Schutzgasführung der verwendeten LPBF-Laboranlage hinsichtlich eines möglichst homogenen Strömungsprofils und einer zuverlässigen Abfuhr von Schweißspritzern und Prozessnebenprodukten wurde in einer vorangegangenen Arbeit mit Hilfe umfangreicher numerischer Strömungssimulationen und experimenteller Validierungen (Verarbeitung unterschiedlicher Magnesiumlegierungen mittels LPBF) durchgeführt [56].

Die verwendete LPBF-Laboranlage verfügt über einen Single-Mode Faserlaser (IPG YLR-400AC) mit einer maximalen Leistung in der Prozesszone von 383 W (Leistungsmessung vgl. Anhang 12.1). Zur Strahlablenkung wird ein Galvanometerscanner des Typs hurrySCAN 20 des Herstellers Scanlab GmbHverwendet [82]. Die Fokussierung und Flachfeldkorrektur erfolgt über eine dynamische Fokussiereinheit des Typs varioSCAN 40 des Herstellers Scanlab GmbH. Mit Hilfe der dynamischen Fokussiereinheit ist es darüber hinaus möglich den Laserstrahldurchmesser durch Defokussierung in der Arbeitsebene zu vergrößern. Laserstrahlquelle, Galvanometerscanner und dynamische Fokussiereinheit werden über eine RTC5 PCI-Express Karte des Herstellers Scanlab GmbH angesteuert [22]. Mit dieser Konfiguration ergibt sich ein minimaler Laserstrahldurchmesser im Fokus von ca. 78 µm. In Bild 19 ist die zugehörige Strahlkaustik sowie das Laserstrahlprofil im Fokus dargestellt.

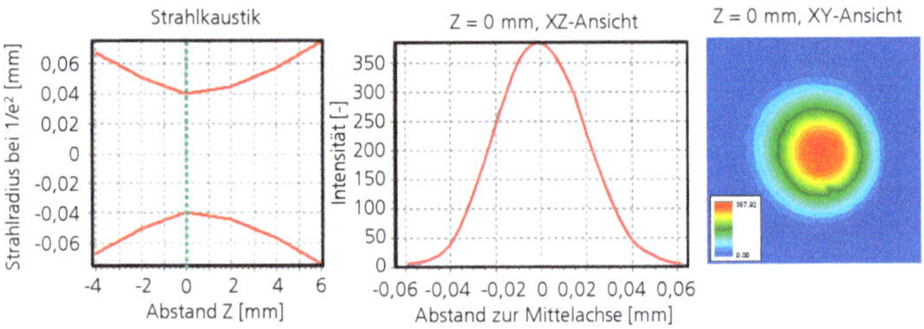

Bild 19: Strahlkaustik und Strahlprofil der verwendeten Laserstrahlquelle

Steuerungstechnik und Baujobdaten

Da die im Rahmen der Arbeit untersuchten Prozessführungsstrategien mit herkömmlicher Software für Anlagensteuerung und Datenaufbereitung teilweisenicht umsetzbar sind, müssen z.T. neue Lösungen entwickelt werden. In Bild 20 sind Abbildungen der Benutzeroberflächen der Softwares VectorGenerator und LaspcLBPF dargestellt.

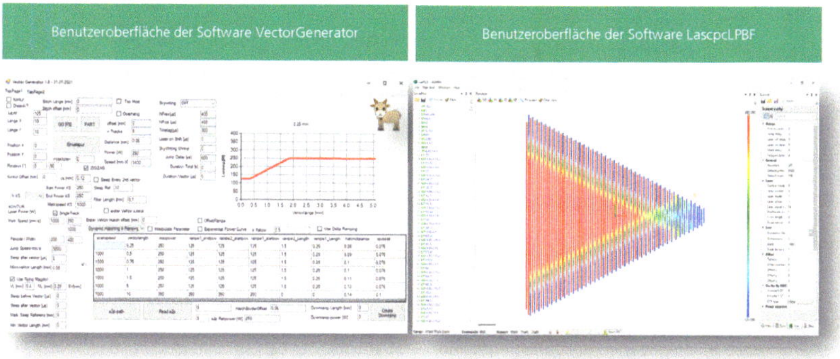

Bild 20: Benutzeroberflächen der Softwares VectorGenerator (links) und LaspcLPBF (rechts)

Die Ansteuerung der RTC5-Steuerkarte erfolgt über die am Fraunhofer ILT entwickelte Software LaspcLPBF. Die Software wurde ursprünglich zur Steuerung von Laser-Scanner-Systemen im Bereich des Laserpolierens entwickelt und zur Durchführung der Versuche in dieser Arbeit auf die Erfordernisse des LPBF-Prozesses (u.A. schichtweise Bearbeitung mehrerer Bauteile, Ansteuerung von zusätzlicher Aktorik, Skriptbetrieb) angepasst. Mittels LaspcLPBF werden die Befehlslisten der RTC5 Steuerkarte geschrieben, sodass der Zugriff auf den gesamten Befehlssatz der RTC5-Steuerkarte [22] ermöglicht wird. Zudem kann die Scannerkonfiguration (z.B. Einstellungen zur Scanfeldverschiebung und -rotation, Laser- und Scannerdelays, Scanfeldkorrektur etc.) festgelegt werden. LaspcLPBF verarbeitet Baudaten im 1FC-Format (vgl. Kapitel 5.4). Darüber hinaus erfolgt mittels LaspcLPBF die Ansteuerung der Aktorik der LPBF-Anlage zur Umsetzung der Linearbewegungen von Bauplattform, Pulvervorrat, Schieberbeschichter und optischer Bank. Die Steuerung erfolgt über ein Befehlsskript, mit dem die Belichtung der Bauteile sowie die Bewegung der Achsen ausgeführt wird.

Die im Rahmen der Arbeit untersuchten Prozessführungsstrategien wie z.B. die in Kapitel 6.1 betrachtete dynamische Anpassung der Laserleistung innerhalb einzelner Scanvektoren können mit konventioneller Datenaufbereitungssoftware nicht umgesetzt werden. Aus diesem Grund wird im Rahmen der Arbeit zur Generierung der Baudaten die Software VectorGenerator entwickelt. Diese ermöglicht die Genererierung der Scanvektordaten für Probekörper mit rechteckigem und dreieckigem Querschnitt. Die Scanvektoren können dabei mit nutzerspezifischen Leistungsprofilen (z.B. Leistungsrampen) versehen werden. Zudem können die im Rahmen der Arbeit untersuchten Überhangprobekörper mit unterschiedlichen Abmessungen, Überhangwinkeln und Bearbeitungsstrategien generiert werden. Die Software ist in Visual Basic .NET programmiert und zeichnet sich durch eine schnelle Anpassbarkeit aus, um bspw. die Implementierung neuartiger Bearbeitungsstrategien zu ermöglichen. Zur Übertragung der Ansätze zur adaptiven Prozessführung auf komplexe Bauteile erfolgt im Rahmen der Anwendungserprobung zudem die Entwicklung eines Demonstrators einer Software zur Datenaufbereitung (LaserPowderBockFusion) auf die in Kapitel 7.1 genauer eingegangen wird.

3.4 Werkstoff

Die Entwicklung der adaptiven Prozessführung erfolgt im Rahmen dieser Arbeit unter Verwendung der Titanlegierung TiAl6V4. TiAl6V4 ist die am häufigsten verwendete Leichtmetalllegierung des hochfesten Werkstoffes Titan. Bei der Verarbeitung mittels LPBF können relative Bauteildichten von über 99,9 % erreicht werden. Nachbehandlungen wie Heißisostatisches Pressen (HIP) ermöglichen eine Vergrößerung der relativen Dichte auf 99,99 % bei gleichzeitiger Größenreduzierung der verbleibenden Poren. [83]

Anwendung findet die Legierung vor allem als Werkstoff für Leichtbaukonstruktionen im Bereich der Luft- und Raumfahrt sowie der Automobilindustrie. Aufgrund der chemischen Beständigkeit wird der Werkstoff auch in der Verfahrenstechnik eingesetzt. Patientenindividuelle Knochenimplantate werden auf Grund der Biokompatibilität des Werkstoffes ebenfalls aus TiAl6V4 gefertigt. Die im Rahmen der Arbeit avisierten Weiterentwicklungen hin zu einer Vergrößerung der Bauteilqualität und Prozessrobustheit sind dabei insbesondere für die letztgenannten Branchen mit hohen sicherheitsrelevanten Anforderungen von Bedeutung.

In Bild 21 sind Rasterelektronenmikroskopaufnahmen des im Rahmen dieser Arbeit verwendeten Pulvers dargestellt.

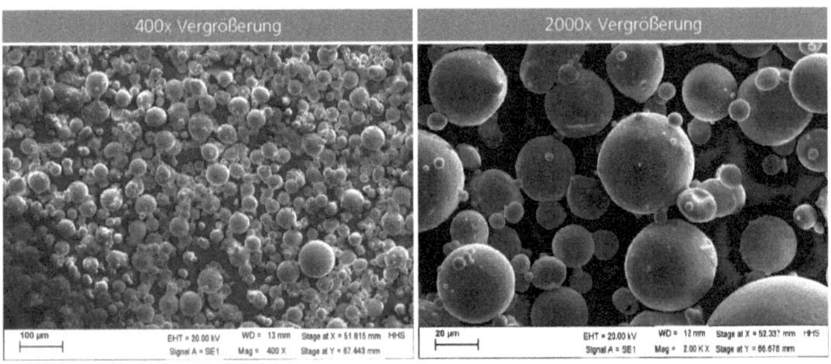

Bild 21: REM Bilder der im Rahmen dieser Arbeit verwendeten TiAl6V4 Pulvercharge

Im Rahmen dieser Arbeit wird TiAl6V4 Pulver des Herstellers Praxair Surface Technologies mit einer Partikelgrößenverteilung laut Hersteller von 20 µm bis 53 µm verwendet. Die Pulverpartikel weisen eine sphärische Form auf und verfügen nur vereinzelt über Satelliten.

3.5 Prozessparameter

Im Rahmen einer im Vorfeld dieser Arbeit durchgeführten Parameterstudie werden ausgehend von Prozessparametern kommerzieller LPBF-Anlagen Prozessparameter für den Schraffur- und den Konturbereich zur Fertigung würfelförmiger Probekörper aus TiAl6V4 mit einer Kantenlänge von 10 mm mit einer relativen Dichte größer als 99,9 % identifiziert. In Bild 22 sind die verwendeten Prozessparameter, die zugehörige Scanstrategie sowie die für die im Rahmen der Arbeit verwendeten LPBF-Anlage ermittelten Skywriting Parameter dargestellt.

Bild 22: LPBF-Prozessparameter für den Werkstoff TiAl6V4

Standardparametersatz

Schraffur	Laserleistung P_L	Schichtstärke D_S	Scangeschwindigkeit v_S	Spurabstand Δy_S	Spotdurchmesser d_S
	250 W	0,04 mm	1000 mm/s	0,12 mm	0,078 mm

Kontur	Laserleistung P_L	Schraffur-Konturabstand Δy_{HK}	Scangeschwindigkeit v_S	Anzahl Konturen	Spotdurchmesser d_S
	150 W	0,015 mm	500 mm/s	1	0,078 mm

Prozessführung

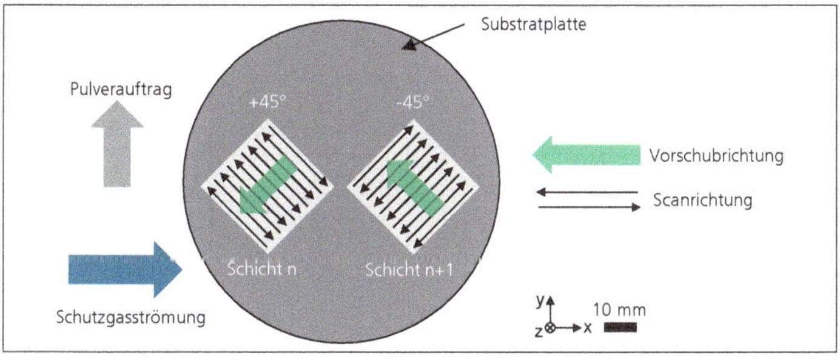

Skywriting

Modus	Timelag	Laser-On-Shift	NPrev	Npost	Grenzwinkel [°]
3	290 µs	0 µs	400 µs	400 µs	180

Die dargestellten Prozessparameter werden in dieser Arbeit als Standardparametersatz bezeichnet. Alle Anpassungen einzelner Prozessparameter werden, sofern nicht anders beschrieben, ausgehend von diesem Standardparametersatz durchgeführt. Um die Beschleunigung der Scannerspiegel am Anfang und am

Ende eines Markiervorgangs zu kompensieren, wird im Rahmen der Arbeit, sofern nicht anders angegeben, das sogenannte Skywriting eingesetzt.

Bild 23: Schematische Darstellung der Funktionsweise des Skywriting nach [22]

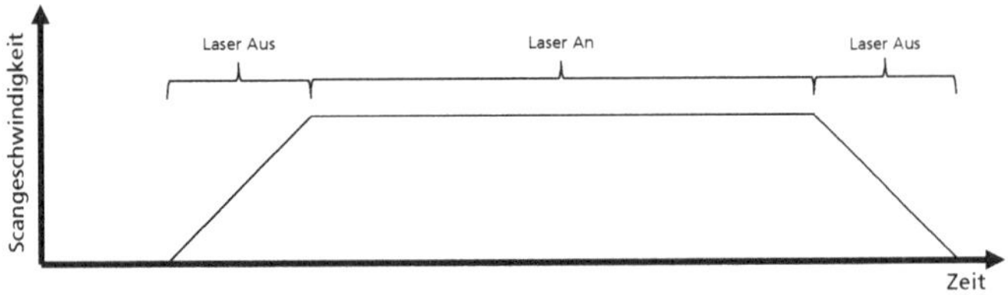

Beim Skywriting werden die Beschleunigungsvorgänge der Scannerspiegel an Anfang und Ende eines Scanvektors auf zusätzlichen Beschleunigungsstrecken bei ausgeschaltetem Laser ausgeführt, sodass die Markierung der Spur mit der vorgegebenen Sollgeschwindigkeit durchgeführt wird. Die Umsetzung des Skywritings erfolgt automatisch über die RTC5 Steuerkarte. Die zugehörigen Skywriting Parameter werden über die lichtmikroskopische Analyse von Einbränden auf Substrat bestimmt.

3.6 Analytik

Hochgeschwindigkeitsaufnahmen

Zur Untersuchung des Umschmelzprozesses wird eine Hochgeschwindigkeitskamera vom Typ Fastcam Nova S16 der Firma Photron Ltd. verwendet. In Bild 24 ist der Versuchsaufbau mit der an der LPBF-Laboranlage installierten Hochgeschwindigkeitskamera als Lichtbild und schematisch dargestellt.

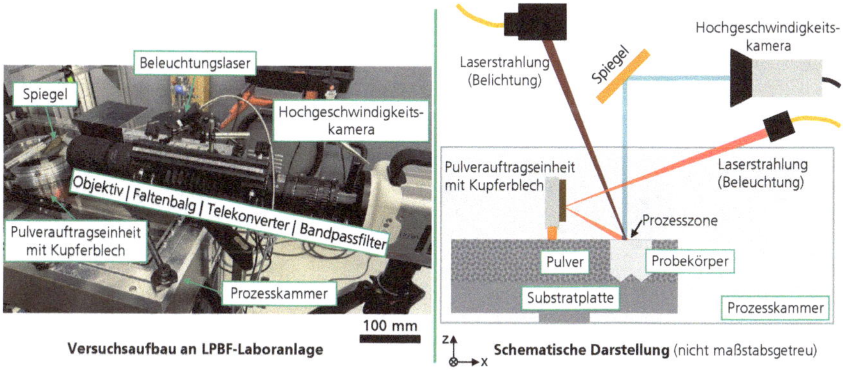

Bild 24: Lichtbild (links) und schematische Darstellung (rechts) des Versuchsaufbaus der Hochgeschwindigkeitskamera an der LPBF-Laboranlage

Die Hochgeschwindigkeitskamera verfügt über ein Objektiv mit einer festen Brennweite von 200 mm, welche durch den Einsatz eines Telekonverters auf 400 mm vergrößert wird. Das Bild der Kamera wird über einen um 45° zur Ebene der Substratplatte geneigten, außerhalb der Prozesskammer angeordneten, goldbeschichteten Spiegel umgelenkt und auf die Prozesszone fokussiert. Die Prozesszone wird während der Aufnahmen durch einen Diodenlaser mit einer Wellenlänge von 808 nm und einer Laserleistung von 50 W indirekt beleuchtet. Dazu wird die Laserstrahlung durch den transparenten Prozesskammerdeckel in die Prozesskammer eingeleitet und an einem an der Pulverauftragseinheit angebrachten Kupferblech diffus in die Prozesszone reflektiert. Vor dem Chip der Hochgeschwindigkeitskamera ist ein Bandpassfilter für die Wellenlänge des Beleuchtungslasers mit einer Halbwertsbreite von 5 nm angebracht, um eine Beschädigung des Kamerachips durch reflektierte Strahlung des Belichtungslasers zu verhindern. Die Aufnahmen werden durch ein Triggersignal (LaserON Signal des Belichtungslasers) gestartet. Im Rahmen der Arbeit wird die Kamera mit einer Aufnahmerate von 20 kHz bei einer Bildauflösung von 1024 * 512 Pixeln betrieben. Die generierten Graustufenbilder mit einer Farbtiefe von 12 bit pro Pixel werden in der zugehörigen Aufnahmesoftware (Photron Fastcam Viewer) zur

Vergrößerung der Bildqualität in Helligkeit und Kontrast sowie in ihrem Dynamikumfang mittels der HDR-Technologie nachbearbeitet. Im Rahmen der Arbeit werden Standbilder extrahiert und zur Untersuchung der Schmelzbaddynamik und -dimensionen verwendet.

Lichtbilder der Prozessebene

Die Prozessebene der LPBF-Anlage wird mittels einer CMOS-Kamera Genie Nano-C1920 des Herstellers Teledyne Dalsa mit einem Objektiv mit 16 mm Brennweite beobachtet. Mit der Kamera werden farbige Bilder der Prozessebene mit einer Auflösung von 1920*1200 Pixeln und einer Farbtiefe von 12 bit angefertigt. Die Prozessebene wird mittels eines im Deckel der LBPF-Anlage angebrachten, weissen LED-Ringlichts beleuchtet. Die Beobachtung der Prozessebene erfolgt durch die Einkoppelscheibe der Prozesskammer, wie in Bild 25 dargestellt.

Bild 25: Einbauposition der CMOS Kamera mit beleuchteter Prozesszone an LBPF Anlage (links) und Auswertungsmethodik (rechts)

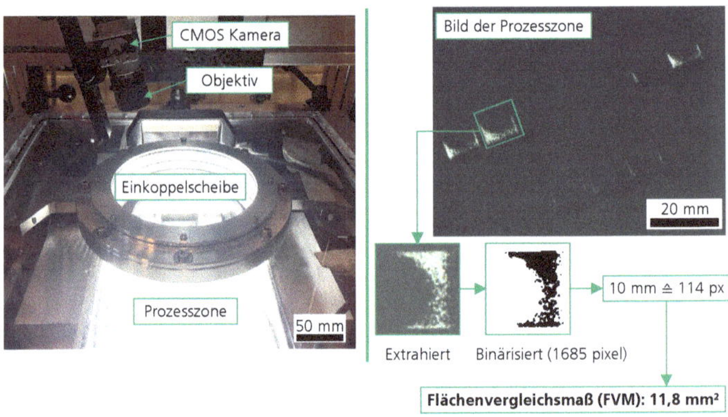

Zur Auswertung der mittels der CMOS-Kamera aufgenommenen Bilder der Prozesszone werden die Aufnahmen der einzelnen Probekörper separiert und binarisiert. Dadurch kann der aus dem Pulverbett ragende Bereich des Bauteils identifiziert werden. Aus der Anzahl der Pixel wird die aus dem Pulverbett ragende Fläche bestimmt, welche im Rahmen der Arbeit als Flächenvergleichsmaß (FVM) bezeichnet und als Vergleichsgröße für den Bauteilverzug bei der Fertigung von Überhangprobekörpern verwendet wird. Ein vergleichbarer Ansatz wird ebenfalls in [67] zur Bewertung der Schichtqualität beim LPBF verwendet.

Oberflächentopografie und Rauheit

Zur Bestimmung der Oberflächentopografie der gefertigten Proben wird das 3D-Profilometer VR 5200 des Herstellers Keyence verwendet. Zudem ermöglicht das Gerät die Messung von Linien- und Flächenrauheiten. Die Messung erfolgt mittels Lichtschnittverfahren, sodass die Topografie der untersuchten Proben mit einer Genauigkeit im Höhenprofil von +- 4 µm in einem Messbereich von bis zu 200 mm*100 mm*50 mm durch das Zusammensetzen von Einzelbildern (Image Stitching) bestimmt werden kann. In Bild 26 ist das Messgerät sowie exemplarisch eine gemessene Oberflächentopografie in Falschfarbendarstellung abgebildet.

Bild 26: Oberflächenprofilometer (links)und exemplarische Aufnahme einer Oberflächentopografie in Falschfarbendarstellung (rechts)

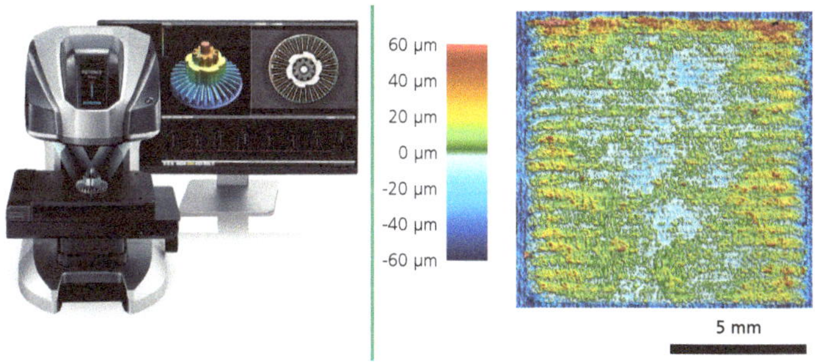

Die Auswertung der Oberflächentopografie der Proben erfolgt dabei einerseits qualitativ durch Analyse der Falschfarbenbilder und andererseits durch die Bestimmung von Höhenprofilen, wie in Bild 27 dargestellt.

Bild 27: Schematische Darstellung der Auswertungsmethodik für Einzelschichtversuche

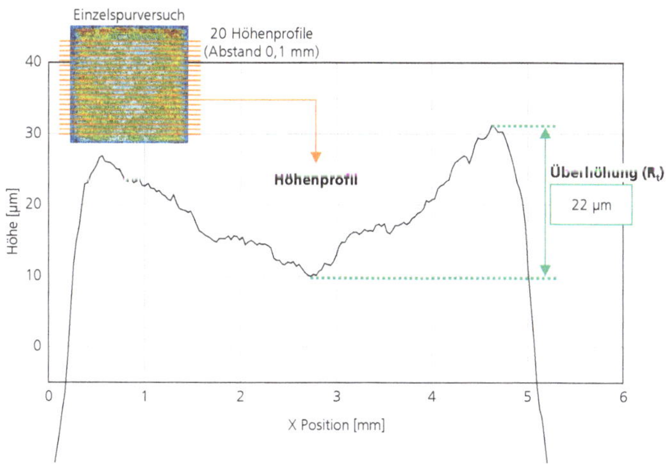

Zur systematischen Auswertung werden jeweils 20 Höhenprofile (Orangene Linien in Bild 27) in gleichmäßigem Abstand auf dem Probekörper ermittelt. Da sich beim LPBF im Idealfall eine geschlossene Bauteilschicht mit im gesamten Schichtbereich homogenem Höhenprofil ergibt [10], wird als Messgröße für jedes einzelne Höhenprofil der maximale Höheunterschied, also die Rautiefe R_t bestimmt. Die Rautiefen der 20 Höhenprofile werden gemittelt und der resultierende Mittelwert als Vergleichswert zur Bewertung der Überhöhungen in der Bauteilschicht verwendet.

Lichtmikroskopische Aufnahmen und Metallografie

Lichtmikroskopische Aufnahmen werden mittels des Digitalmikroskops VHX-7000 des Herstellers Keyence angefertigt. Für alle lichtmikroskopischen Bilder im Rahmen dieser Arbeit wird eine 200-fache Vergrößerung sowie eine Auflichtbeleuchtung verwendet. Das Mikroskop sowie eine exemplarische Aufnahme der Oberfläche einer mittels LPBF gefertigten Probe sind in Bild 28 dargestellt.

Bild 28: Lichtmikroskop und exemplarische Aufnahme einer Probenoberfläche in 200-facher Vergrößerung

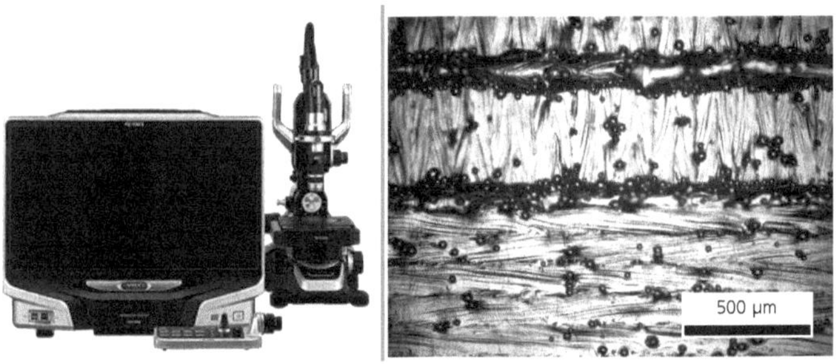

Zur Analyse der relativen Dichte wird ein Teil der Proben metallografisch präpariert und analysiert. Zunächst werden die gereinigten und mittig aufgetrennten Proben dazu mittels einer Einbettpresse in Phenolharz eingebettet. Das Einbetten erfolgt für 15 Minuten bei 175 °C und 150 bar. Das Abkühlen der Proben dauert acht Minuten. Die eingebetteten Proben werden anschließend stufenweise mit SiC-Papier verschiedener Körnung (80, 200, 800 und 1200 µm) geschliffen und abschließend auf einem Poliertuch mit einer 1 µm Diamantsuspension poliert. Die Auswertung der Proben erfolgt mittels Lichtmikroskop, wobei zur Bestimmung der relativen Dichte die Bilder analog zum Vorgehen bei der Auswertung der Bilder der CMOS Kamera binarisiert werden, um die Flächenanteile der Fehlstellen und dadurch die relative Dichte der Probekörper zu bestimmen.

Rasterelektronenmikroskopaufnahmen

Für die REM-Aufnahmen in dieser Arbeit wird ein Rasterelektronenmikroskop vom Typ LEO (Zeiss) verwendet. Die Beschleunigungsspannung beträgt für die REM-Aufnahmen 20,01 kVA. Die Fokussierung im Mittelpunkt der Aufnahme erfolgt jeweils mit einer 900-fachen Vergrößerung. Die tatsächlichen REM-Aufnahmen werden mit einer 100-fachen Vergrößerung erstellt.

Laserleistung

Zur Charakterisierung des Lasers wird ein Leistungsmesskopf vom Typ PowerMax-Pro des Herstellers Coherent verwendet. Der Leistungsmesskopf wird mittels USB mit einem Auswertungsrechner verbunden und dort über die zugehörige Software LabMax-Pro PC angesteuert Die maximale Aufnahmerate des wassergekühlten Leistungsmesskopfs beträgt im sogenannten „Snapshot-mode" bis zu 625 kHz. [84] Dadurch können vor allem die im Rahmen dieser Arbeit durch Mikrovektorisierung umgesetzten dynamischen Leistungsanpassungen innerhalb einzelner Scanvektoren messtechnisch aufgelöst und charakterisiert werden.

Simulation

Die im Rahmen der Arbeit verwendeten Simulationen werden mit einer am Fraunhofer-ILT zur Modellierung von Laserstrahlschmelzprozessen entwickelten Software durchgeführt, die auf die Charakteristika des LBPF-Prozess angepasst wird. Die in der Programmiersprache Fortran90 programmierte Software ermöglicht die thermisch transiente Simulation von vom Nutzer vorgegebenen Scanvektorpfaden. Das Modell berücksichtigt keine Pulverschüttungen sondern ausschließlich Festmaterial. Numerisch basiert das verwendete Modell auf der Galerkin-Methode. Test- und Ansatzfunktion werden daher gleich gewählt. Die Lösung der aufgestellten Matrixgleichungen erfolgt im GMRES-Verfahren nach Saad und Schultz. [85, 86] Zur Simulation der Laserstrahlquelle wird eine elliptische Wärmequelle mit einem Radius von 50 µm und einer Einschmelztiefe von 140 µm bei einem Absorptionsgrad von 60 % verwendet. Die Bestimmung der einzelnen Parameter erfolgt durch Abgleich mit experimentell hergestellten Proben aus TiAl6V4. Die Auflösung des verwendeten FEM-Netzes beträgt 20 µm und die Aufzeichnung der Ergebnisse erfolgt in Zeitschritten von $1*10^{-5}$ s. Auf Grundlage von vorausgegangen Untersuchungen wird für TiAl6V4 ein Wärmeübergangskoeffizient von $8{,}3*10^{-3}$ W/(mm²*K) angenommen. Die Materialeigenschaften sind isoparametrisch und temperaturabhängig nach Mills (vgl. Anhang 12.1). Zur Berücksichtigung des Einflusses der Marangoni Konvektion auf das Schmelzbad wird die Wärmeleitfähigkeit nach Mills für Temperaturen oberhalb der Schmelztemperatur (1650°C) um den Faktor drei vergrößert. Im Rahmen der Arbeit werden die Temperaturverteilung in den untersuchten Probekörpern qualitativ sowie die Dimensionen des Schmelzbads ausgewertet.

4 Voruntersuchungen

4.1 Schmelzspuren im Spurverbund und freie Schmelzspuren

Das selektive Umschmelzen beim LPBF erfolgt durch die Belichtung von Scanvektoren, die repräsentativ für die Bauteilgeometrie in der aktuellen Schicht sind. Jeder Scanvektor wird mit typischerweise konstanter Laserleistung und Scangeschwindigkeit vom Anfangs- bis zum Endpunkt des Scanvektors bearbeitet. In Abhängigkeit der Anfangs- und Endpunkte der Scanvektoren und der Prozessparameter ergibt sich so für jede Bauteilschicht ein spezifischer zeitlicher und örtlicher Energieeintrag. Zur Untersuchung des zeitlichen- und örtlichen Energieeintrags wird dieser im Folgenden zunächst modellhaft betrachtet, indem die Einflussfaktoren auf die einzelnen Spuren innerhalb des Spurverbunds bei der Belichtung einer Schicht untersucht werden. In Bild 29 ist dazu schematisch die Belichtung zweier Scanvektoren der Länge L_V an drei aufeinanderfolgenden Zeitpunkten (t_1 bis t_3) sowie qualitativ die Temperaturverteilung der einzelnen Spuren in Falschfarbendarstellung abgebildet. Die Belichtung erfolgt mäanderförmig und der vertikale Abstand der Scanvektoren entspricht dem Spurabstand Δy_S.

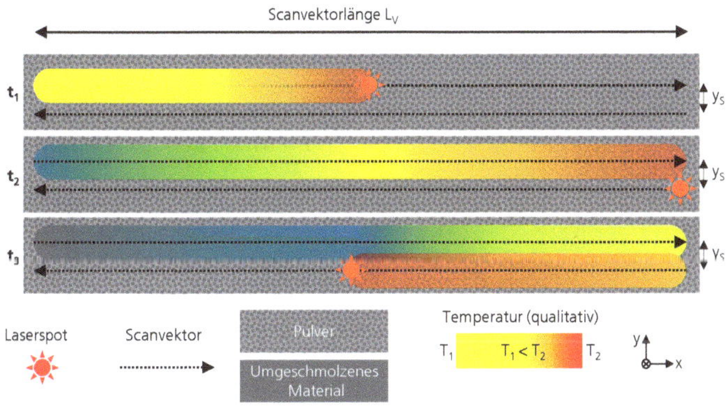

Bild 29: Schematische Darstellung der Belichtung zweier Schmelzspuren im Pulverbett zu unterschiedlichen Zeitpunkten mit qualitativer Darstellung der Temperatur entlang der Schmelzspuren

Während der Belichtung des ersten Scanvektors (Zeitschritt t_1) ist die Schmelzspur in der Bearbeitungsebene nur von Pulver umgeben, sodass orthogonal zur Scanrichtung beidseitig Pulver in der Schmelze gelöst werden kann, was zu einer Vergrößerung des Schmelzbads führt. Zudem ist eine Benetzung nur auf dem Substrat bzw. dem in den vorherigen Schichten umgeschmolzenem Material und nicht an einer benachbarten, bereits erstarrten Schmelzspur möglich, was zu einer Verkleinerung der Stabilität der Schmelzspur führt. [37, 42] Diese Spur kann dementsprechend auch als „freie Spur" bezeichnet werden, da sie sich während der Zeit der Belichtung nicht in einem Spurverbund befindet. Die zweite Schmelzspur ist während der Belichtung nur an einer Flanke von Pulver umgeben, während an der der vorherigen Spur zugewandten Flanke eine Benetzung der Schmelze erfolgen kann. Diese Spur befindet sich entsprechend während der Belichtung in einem Verbund mehrerer Schmelzspuren („Spurverbund"). Während der Belichtung bildet sich ein Temperaturfeld aus, wobei sich die höchste Temperatur an der Position des Laserspots einstellt und die Temperatur entlang der Spur entgegen der Scanrichtung abnimmt.

Der Startpunkt der Belichtung der zweiten Spur (Bild 29, Zeitschritt t_2) befindet sich in X-Richtung am Endpunkt der Belichtung des ersten Scanvektors und in negativer Y-Richtung um den Spurabstand versetzt. Der Beginn der Belichtung erfolgt somit in unmittelbarer Nähe der Position mit der höchsten Temperatur, sodass der Schmelzprozess durch die Vorheizung der vorherigen Spur beeinflusst wird, wie bereits in [43] beschrieben wird. Mit zunehmender umgeschmolzener Strecke entlang des Scanvektors (Bild 29, Zeitschritt t_3) verkleinert sich auch der Vorheizeffekt durch die zuvor belichtete Spur, da an dieser Position bereits eine längere Abkühlung der zuvor belichteten Spur erfolgt ist. Der beschriebene Vorheizeffekt hängt somit von der Zeit ab, die vergangen ist, bis ein bereits belichteter Punkt innerhalb der Schicht auf einer benachbarten Schmelzspur erneut vom Laserspot erreicht wird. Diese Zeitdauer wird als Repetitionszeit bezeichnet [45]. Für einen quadratischen Querschnitt mit konstanter Scanvektorlänge und mäanderförmiger Belichtung wie in Bild 29 kann die Repetitionszeit in Abhängigkeit der gescannten Strecke $0 \leq s \leq L_V$ entsprechend Formel **4.1** berechnet werden:

4.1

$$t_{rep}(s) = NPost + \frac{\Delta y_S}{v_J} + t_J + NPrev + \frac{s}{v_S}$$

Als konstante Zeitdauern gehen die Skywriting Auslaufbewegung des vorherigen Scanvektors (NPost), die Dauer des Sprungvorgangs über die Strecke des Spurabstands Δy_S mit der Sprunggeschwindigkeit v_J, das zugehörige Jump-Delay t_J sowie die Skywriting Einlaufbewegung (NPrev) des zu belichtenden Scanvektors ein. Somit ergibt sich durch die konstanten Zeitanteile zunächst eine minimale Repetitionszeit von 1,42 ms (Standardparametersatz). Die zum Scannen der Strecke s mit der Scangeschwindigkeit v_S benötigte Zeitdauer geht als variabler Zeitanteil in die Berechnung der Repetitionszeit ein. Die minimale Repetitionszeit ergibt sich entsprechend zu Beginn der Belichtung und entspricht der Summe der konstanten Zeitanteile, die maximale Repetitionszeit ergibt sich am Ende eines Scanvektors, wobei die dort gescannte Strecke der Scanvektorlänge L_V entspricht.

In Bild 30 ist die mittels Simulation bestimmte Temperaturverteilung zweier Scanvektoren mit einer Scanvektorlänge von 10 mm im Spurwechselbereich zum

Ende der Belichtung des ersten Scanvektors und zu Beginn der Belichtung des zweiten Scanvektors in Draufsicht dargestellt.

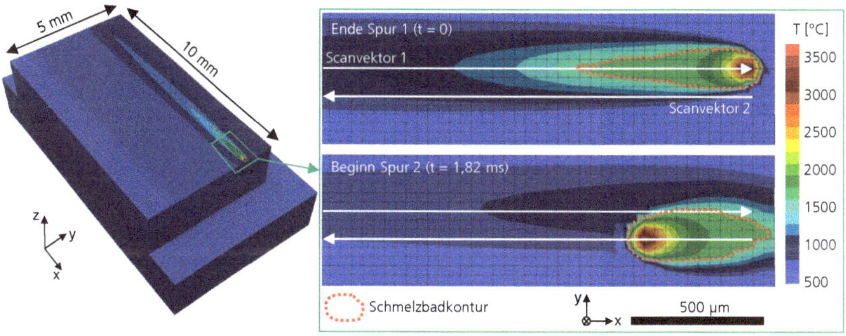

Bild 30: Mittels Simulation ermittelte Temperaturverteilung im Spurwechselbereich

Zum Ende der ersten Spur befindet sich das Schmelzbad nach einer Scanstrecke von 10 mm in einem stationären Zustand. Die numerisch ermittelte Schmelzbadlänge beträgt 869 µm und die Schmelzbadbreite 178 µm. Das resultierende Temperaturfeld ist symmetrisch um die Achse der Scanrichtung. Für einen Spurabstand von 120 µm ergibt sich so in der XY-Ebene eine ausreichende Überlappung, um einen stabilen Verbund der Schmelzspuren zu gewährleisten. Vor der Belichtung der zweiten Spur wird eine Wartezeit von 1,42 ms eingefügt, die der Summe aus Skywriting Verzögerung und Sprungvorgang entspricht. Zu Beginn der Belichtung der zweiten Spur nach einer gescannten Strecke von 400 µm ist eine Vergrößerung der Breite des Temperaturfelds erkennbar. Das resultierende Temperaturfeld ist dabei aufgrund der Vorwärmung durch die zuvor belichtete Spur asymmetrisch um die Achse der Scanrichtung ausgeprägt. Trotz der Berücksichtigung der Abkühlzeit zwischen den Spuren resultiert aus der Vorwärmung durch die Belichtung der ersten Spur zudem eine Vergrößerung der Schmelzbadbreite um ca. 22 % mit einer Schmelzbadbreite von 218 µm nach einer gescannten Strecke von 400 µm. In Bild 31 ist die mittels Simulation ermittelte maximale Schmelzbadbreite in Abhängigkeit der gescannten Strecke für eine freie Spur sowie Scanvektoren im Spurverbund unterschiedlicher Scanvektorlängen dargestellt.

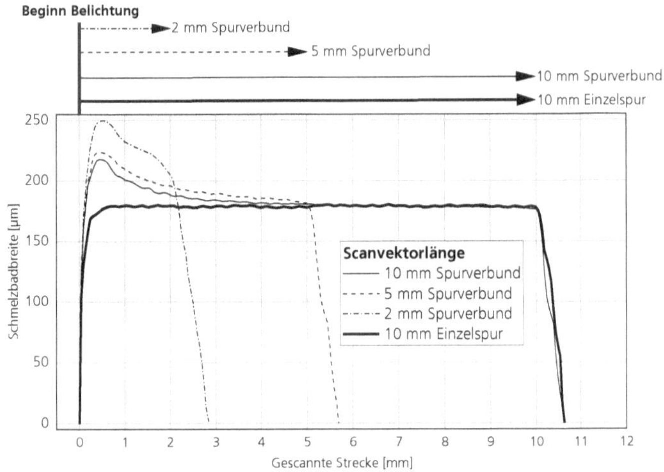

Bild 31: Mittels Simulation bestimmte maximale Schmelzbadbreite für unterschiedliche Scanvektorlängen für eine Einzelspur und Spuren im Spurverbund (Standardparametersatz)

Für alle untersuchten Spuren steigt die Schmelzbadbreite zu Beginn der Belichtung durch die Ausbildung des Schmelzbads an und erreicht jeweils nach ca. 0,5 mm belichteter Strecke einen Maximalwert. Der Maximalwert der Schmelzbadbreite ist abhängig von der Scanvektorlänge und vergrößert sich mit Verkleinerung der Scanvektorlänge von 218 µm (Scanvektorlänge von 10 mm) auf bis zu 250 µm (Scanvektorlänge von 2 mm). Für die Spuren im Spurverbund verlaufen die Schmelzbadbreiten nach Erreichen des Maximalwerts degressiv, wobei sich nur für eine Scanvektorlänge von 10 mm ein vollständig stationärer Zustand mit einer Schmelzbadbreite von ca. 178 µm nach ca. 5 mm Scanstrecke einstellt. Die Spurbreite der Einzelspur hat bereits nach ca. 0,5 mm einen stationären Zustand erreicht und verfügt zudem nicht über einen Hochpunkt wie die Spuren im Spurverbund. Die Vergrößerung der Schmelzbadbreite (Hochpunkt nach ca. 0,5 mm) der Spuren im Spurverbund zu Belichtungsbeginn ist somit offenbar das Resultat der Vorwärmung durch die vorherige Spur. Am Spuranfang ergibt sich eine Temperaturerhöhung, die zur Vergrößerung der Schmelzbadbreite führt. Der im Zusammenhang mit der Repetitionszeit beschriebene Effekt von Überhitzungen im Spurwechselbereich durch die mäandrierende Belichtungsstrategie wird somit auch durch die Simulationen bestätigt und hat Auswirkungen auf die Schmelzbadmorphologie. Mit Verkleinerung der Scanvektorlänge vergrößert sich zudem die Schmelzbadbreite nach gleicher belichteter Strecke. Dies ist ein Resultat der aufeinanderfolgenden kurzen Scanvektoren mit entsprechend kleinen Repetitionszeiten. Bei einer Scanvektorlänge von 2 mm beträgt die Schmelzbadbreite bspw. teilweise über 240 µm, was bei einem Spurabstand von 120 µm bedeutet, dass sich das Schmelzbad über mindestens zwei Spuren erstreckt.

Um die Einflüsse der bisher modellhaft beschriebenen Einflussfaktoren auf den LPBF-Prozess experimentell zu untersuchen, werden mehrere Querschnitte unter Verwendung des Standardparametersatzes gefertigt. Dazu zählen ein Quadrat und ein gleichschenkliges Dreieck, jeweils mit den Außendimensionen von 5*5 mm² sowie fünf rechteckige Querschnitte mit einer Breite (X-Richtung) von 1,5 mm, 1 mm, 0,75 mm, 0,5 mm und 0,25 mm und einer Länge von jeweils 5 mm (Y-Richtung). Für alle Querschnitte wird der Standardprozessparametersatz verwendet. Die Scanrichtung ist mäanderförmig in X-Richtung, die Vorschubrichtung entspricht der negativen Y-Richtung.

Um eine gegenseitige Beeinflussung mehrerer Schichten auszuschließen, werden die Versuche als Einzelschichtversuche durchgeführt: Dazu werden zunächst LPBF Basiskörper mit einer Grundfläche von 8*8 mm² gefertigt. Nach einer Bauhöhe der Basiskörper von ca. 5 mm werden in der letzten Schicht die zu untersuchenden Querschnitte auf die Basiskörper belichtet. In Bild 32 ist exemplarisch eine Substratplatte eines Einzelschichtversuchs mit Basiskörpern sowie den darauf belichteten Querschnitten abgebildet.

Bild 32: Abbildung einer Substratplatte mit Basiskörpern und Einzelschichtversuchen

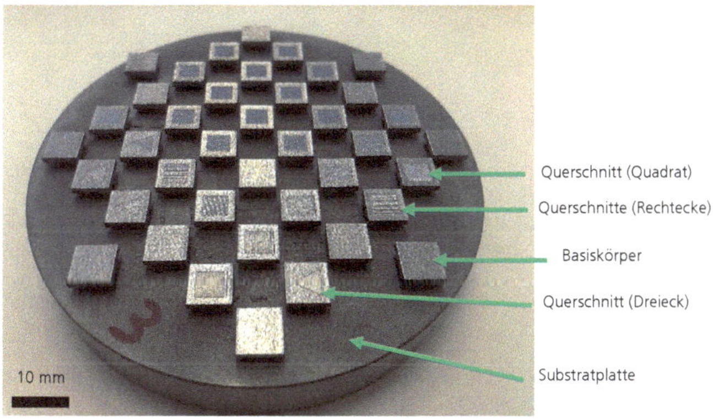

In Bild 33 sind die Ergebnisse der Auswertung in Form von Falschfarbenbildern (Oberflächentopografie) sowie die zugehörigen Repetitionszeiten und freien Spuren dargestellt.

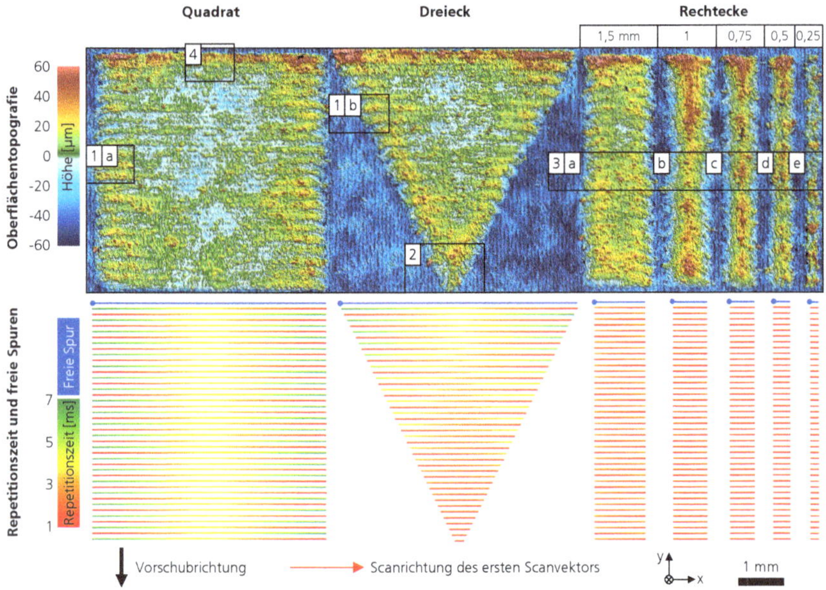

Bild 33: Falschfarbendarstellung der Oberflächentopografie (oben) und Repetitionszeiten (unten) von Spuren unterschiedlicher Querschnitte (Standardparametersatz)

Die in der Oberflächentopografie (Bild 33 oben) sichtbaren lokalen Materialüberhöhungen betragen bis zu 60 µm und befinden sich im Randbereich der Querschnitte bzw. umfassen für die rechteckigen Proben z.T. den gesamten Querschnitt. Dabei kann zwischen drei Bereiche unterschieden werden:

1. **Spurwechselbereich langer Scanvektoren:** Im Randbereich des Quadrats (Bereich 1a) und im oberen Bereich des Dreiecks (Bereich 1b)

2. **Spurwechselbereich kurzer Scanvektoren**: In der Spitze des Dreiecks (Bereich 2) und den Rechtecken (Bereich 3a - 3e).

3. **Bereich der freien Schmelzspur** (z.B. Bereich 4): Im Bereich der ersten Spur jedes gefertigten Querschnitts

Die aus der Analyse der Scanvektordaten resultierenden Repetitionszeiten bzw. freien Spuren (Bild 33 unten) können mit den lokalen Materialüberhöhungen aus der Oberflächentopografie korreliert werden: Einerseits im Bereich der freien Spuren (blau gefärbt) und andererseits in Abhängigkeit der Repetitionszeit. In

Bereichen relativ kurzer Repetitionszeiten von bis zu 3 ms ergeben sich lokale Überhöhungen in den entsprechenden Bereichen des Querschnitts.

Die drei die identifizierten Bereiche sowie die zugrundeliegenden Mechanismen werden in den folgenden Kapiteln genauer erläutert.

4.1.1 Repetitionszeit und Scanvektorlänge

Scanvektorlängen ab 1,5 mm

Im Spurwechselbereich des Quadrats (Bild 33, Bereich 1) ergeben sich lokale Materialüberhöhungen von ca. 25 µm mit teilweise auftretenden Maximalwerten von über 40 µm. Die Materialüberhöhungen erstrecken sich in Scanrichtung ausgehend vom Beginn der Belichtung jeweils auf einer Länge von ca. 1,5 mm bzw. bis zu einer Repetitionszeit von ca. 3 ms. Verbleibende Schwankungen des Höhenprofils im mittleren Bereich des Würfels sind dabei auf Unregelmäßigkeiten des LBPF Prozesses durch Schweißspritzer zurückzuführen. In Bild 34 ist der Spurwechselbereich der linken, unteren Kante des Quadrats dargestellt. In rot ist die Scanrichtung der einzelnen Scanvektoren und in gelb sind die Außenkanten der Schmelzspuren schematisch eingezeichnet. Zudem ist in rot das mittlere Höhenprofil eingezeichnet.

Bild 34: Lichtmikroskopische Aufnahme des Spurwechselbereichs des Quadrats (Standardparametersatz) mit mittlerem Höhenprofil und schematisch eingezeichneten Grenzen der Schmelzspuren

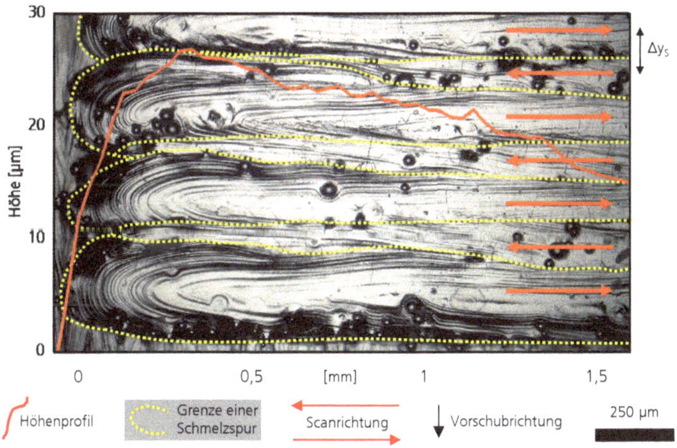

Ab dem Beginn der Belichtung bis zu einer belichteten Strecke von ca. 1 mm wird durch das lokal verbreiterte Schmelzbad die zuvor belichtete Spur nahezu vollständig von der aktuell belichteten Schmelzspur bedeckt. Die maximale mittlere Überhöhung von 22 µm ergibt sich dabei nach einer gescannten Strecke von ca. 250 µm. Nach einer belichteten Strecke von ca. 1,5 mm stellt sich eine konstante Überlappung zwischen den benachbarten Schmelzspuren ein, die bis zum Ende der Belichtung konstant bleibt. Um die zugrundeliegende Dynamik und die Dimensionen des Schmelzbads während der Belichtung des Spuranfangs genauer zu untersuchen, werden Hochgeschwindigkeitsaufnahmen des Spurwechselbereichs bei der Belichtung mit Standardparametersatz aufgenommen. In Bild 35 sind die zugehörigen Standbilder des Spurwechselbereichs ausgehend vom Start der Belichtung einer Spur bis zu einer gescannten Strecke von 1,5 mm dargestellt. Die Konturen des Schmelzbads sind mit einer rot punktierten Linie gekennzeichnet.

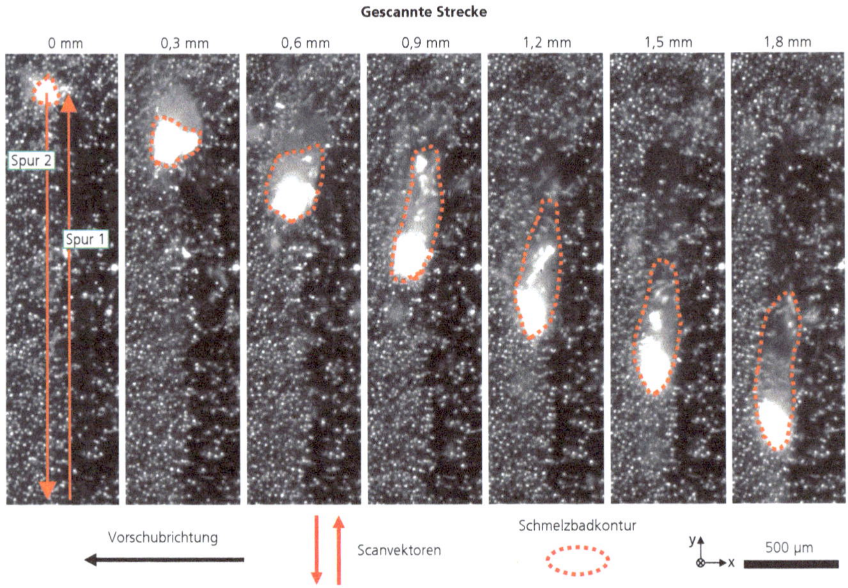

Bild 35: Standbilder aus Hochgeschwindigkeitsaufnahmen der Belichtung im Spurwechselbereich (Standardparametersatz)

Zu Beginn der Belichtung von Spur 2 ist das Schmelzbad der zuvor belichteten Spur 1 nach der Abkühlzeit von 1,42 ms (Zeitdauer für Skywriting und Sprungvorgang) vollständig erstarrt. Ab Beginn der Belichtung bis zu einer gescannten Strecke von 0,6 mm vergrößert sich die Breite des Schmelzbads und beträgt nach einer gescannten Strecke von 0,6 mm ca. 230 µm. Die Schmelzbadmorphologie ist dabei asymmetrisch zur Achse der Scanrichtung ausgeprägt was auf das Temperaturfeld bzw. die Vorwärmung durch die zuvor belichtete Spur zurückzuführen ist: Der Endbereich von Spur 1 wird erneut aufgeschmolzen, sodass sich ein übergreifendes Schmelzbad zwischen beiden Spuren ausbildet. Ab einer gescannten Strecke von 0,9 mm stellt sich eine konstante Schmelzbadbreite (ca. 180 µm) und -länge (ca. 800 µm) ein. Dabei bleibt eine geringfügige Asymmetrie der Schmelzbadmorphologie um die Achse der Scanrichtung bestehen, die in diesem Fall jedoch vermutlich nicht mehr hauptsächlich temperaturgetrieben ist, sondern aus der Benetzung der Schmelze an der bereits erstarrten Nachbarspur resultiert.

Um die Abhängigkeit der Vergrößerung des Schmelzbads zu Beginn der Belichtung von der Vorheizung durch die zuvor belichtete Spur zu untersuchen, werden mehrere Spuren unter Verwendung des Standardparametersatzes belichtet, wobei nach der Belichtung jeder Spur eine zusätzliche Wartezeit eingefügt wird, um eine vollständige Abkühlung des Spurendes sicherzustellen. Dazu werden 9 Schmelzspuren (10 mm Länge) im Spurverbund mit Standardparametersatz belichtet. In Bild 36b-d sind REM-Aufnahmen der Mehrspurversuche mit zusätzlichen Wartezeiten zwischen der Belichtung der einzelnen Spuren von 1 ms, 20 ms und 140 ms dargestellt. Bei den in Bild 36a abgebildeten Spuren erfolgt die Belichtung mit Standardparametersatz ohne zusätzliche Belichtungspause. Aufgrund von Skywriting und Sprungvorgang ergibt sich jedoch auch in diesem Fall eine technisch bedingte minimale Belichtungspause von 1,42 ms zwischen der Belichtung der Spuren. Im Anhang 12.2.1 ist das zugehörige Bild zusätzlich ohne eingezeichnete Schmelzspuren dargestellt.

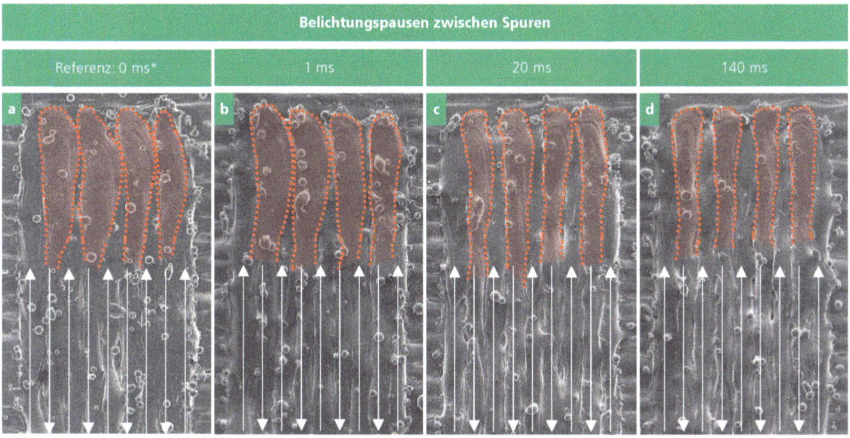

* Die angegebene Belichtungspause bezeichnet die zusätzlich eingefügte Belichtungspause.
Technisch bedingt ergibt sich immer eine minimale Belichtungspause von 1,42 ms durch Skywriting und Sprungvorgang.

Schmelzspur des Spuranfangs | Scanvektoren | ← Vorschubrichtung | 500 µm

Bild 36: REM-Aufnahmen des Spurwechselbereichs von Mehrspurversuchen gefertigt mit verschiedenen Belichtungspausen

Mit Vergrößerung der Belichtungspause reduziert sich die Verbreiterung der Schmelzspur bzw. das Überschmelzen auf die benachbarte Spur zu Beginn der Belichtung. Während eine Belichtungspause von 1 ms die Verbreiterung der Spuren nur unwesentlich verkleinert, ergeben sich für Belichtungspausen von 20 ms bzw. 140 ms nur noch geringfügige bzw. keine Überlappungen der Schmelzbäder. Indem durch das Einfügen von Belichtungspausen zwischen den einzelnen Spuren ein ausreichendes Abkühlen der Spurenden ermöglicht wird, kann die Verbreiterung des Schmelzbads zu Beginn der Belichtung nahezu vollständig vermieden werden. Durch die Untersuchung der Mehrspurproben mit Belichtungspausen wird somit deutlich, dass die lokale Verbreiterung des Schmelzbads temperaturgetrieben ist. Theoretisch wäre eine Kompensation der lokalen Verbreiterung des Schmelzbads zu Beginn der Belichtung somit auch durch das Einfügen von Belichtungspausen und einer entsprechenden Abkühlung möglich. Dabei ist jedoch anzumerken, dass aus diesem Vorgehen eine signifikante Vergrößerung der Belichtungszeit resultiert. Zudem sei an dieser Stelle auf eine mögliche Verkleinerung der relativen Dichte verwiesen, die durch zu lange Abkühlzeiten auftreten kann [10, 47].

Scanvektorlängen kleiner 1,5 mm

In filigranen Querschnitten mit relativ kleinen Scanvektorlängen wie z.B. der Spitze des Dreiecks (Bild 33, Bereich 2) oder den rechteckigen Querschnitten (Bild 33, Bereich 3) treten Materialüberhöhungen von bis zu 60 µm auf. Bereits bei einer Scanvektorlänge von 1,5 mm sind nahezu keine Bereiche mehr vorhanden, in denen die Oberflächentopografie wieder das Grundhöhenniveau erreicht. Dies korreliert mit den bereits beim quadratischen Querschnitt gemachten Beobachtungen, bei dem die lokalen Überhöhungen innerhalb einer Strecke von ca. 1,5 mm ab dem Beginn der Belichtung auftreten.

In Bild 37 sind lichtmikroskopische Aufnahmen sowie Standbilder von Hochgeschwindigkeitsaufnahmen der Rechtecke mit einer Scanvektorlänge zwischen 0,25 mm und 1 mm dargestellt. In den Standbildern sind die Scanvektoren sowie die Konturen des Schmelzbads schematisch eingezeichnet. Die Aufnahmen entsprechen zum einen dem Zeitpunkt, an dem die Belichtung der aktuellen Spur gerade abgeschlossen ist, unmittelbar vor dem Ausschalten des Lasers (t = 0 ms). Zudem sind Aufnahmen zum Zeitpunkt unmittelbar vor Belichtung der darauffolgenden Spur nach Sprungvorgang und Skywriting Bewegung (t = 1,42 ms) dargestellt. Die Standbilder der Hochgeschwindigkeitsaufnahmen werden nach einer belichteten Strecke von ca. 5 mm in Vorschubrichtung bzw. ca. 40 Scanvektoren aufgenommen. In den Standbildern ist zudem die Außenkontur des Schmelzbads eingezeichnet.

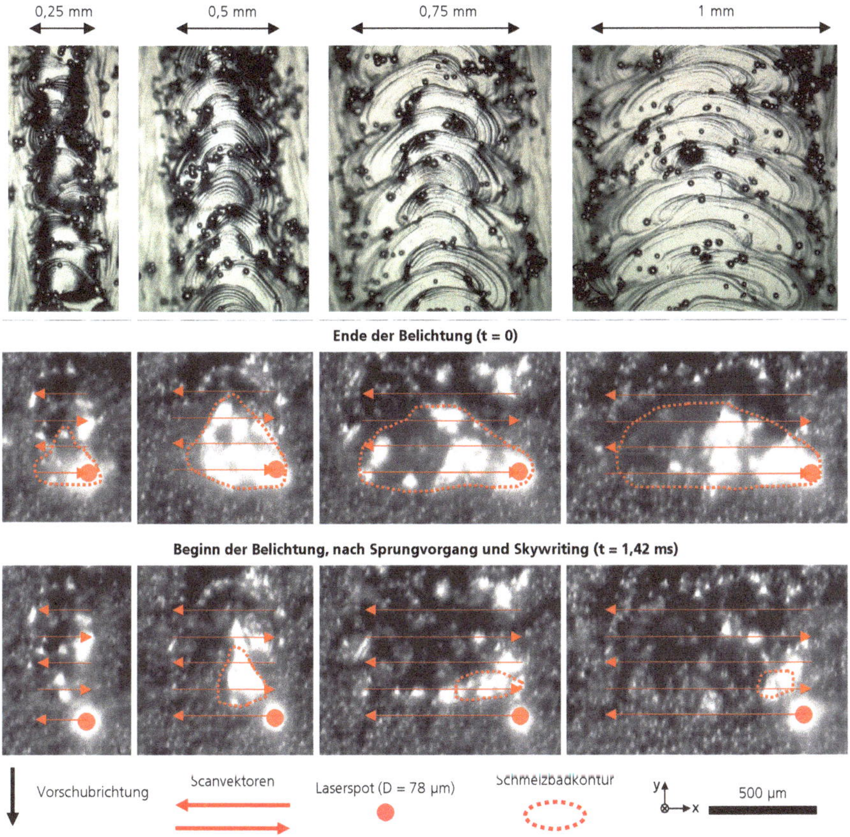

Bild 37: Lichtmikroskopische Aufnahmen (oben) und Hochgeschwindigkeitsaufnahmen rechteckiger Querschnitte unterschiedlicher Scanvektorlängen zum Ende (Mitte) und zum Beginn der Belichtung (unten) (Standardparametersatz)

Obwohl die Scanvektoren parallel zur X-Achse verlaufen, sind die Außenkanten der erstarrten Spuren symmetrisch um den Mittelpunkt der Spur in Y-Richtung (entgegen der Vorschubrichtung) versetzt. Die Schmelze ist sichelförmig erstarrt, wobei die Wölbung mit Verkleinerung der Scanvektorlänge bis zu einer Scanvektorlänge von 0,5 mm zunimmt. Für eine Scanvektorlänge von 0,25 mm ergibt sich jeweils eine Art kreisförmige Erstarrung, deren Charakteristik Schmelzspuren ähnelt, die mit gepulst-modulierter Laserstrahlung bearbeitet werden [87]. In den Hochgeschwindigkeitsaufnahmen zum Ende der Belichtung (Zeitpunkt t = 0 ms) ist ersichtlich, dass sich zum Ende der Belichtung das Schmelzbad über mindestens zwei (Scanvektorlänge 0,25 mm) bzw. drei Schmelzspuren (Scanvektorlänge ab 0,5 mm) in Y-Richtung erstreckt und die Schmelzbadbreiten bis zu 440 µm betragen. Dies entspricht einer um ca. 140 % vergrößerten Schmelzbadbreite im Vergleich zum stationären Zustand bei der Belichtung relativ langer Scanvektoren mit einer Schmelzbadbreite von ca. 180 µm. Durch die lokale Vorheizung und die geringen Repetitionszeiten resultiert ein entsprechend hohes Temperaturniveau, welches die Verbreiterung des Schmelzbads begünstigt. Dies wird zudem bei Betrachtung der Hochgeschwindigkeitsaufnahmen zu Beginn der Belichtung (Zeitpunkt t = 1,42 ms) deutlich: Für Scanvektorlängen zwischen 0,5 mm und 1 mm ist zu Beginn der Belichtung einer Spur das Schmelzbad der zuvor belichteten Spur noch nicht vollständig erstarrt. Die größte Fläche an vorhandener Restschmelze ergibt sich bei einer Scanvektorlänge von 0,5 mm und verkleinert sich mit Vergrößerung der Scanvektorlänge. Bemerkenswert ist, dass bei der kleinsten untersuchten Scanvektorlänge von 0,25 mm keine Restschmelze der vorherigen Spur zu Beginn der Belichtung vorhanden ist. Für derartig kurze Scanvektoren scheint somit die Einwirkzeit (250 µs) durch den Laser pro Spur zu kurz zu sein, um ausreichend große Temperaturen zu erreichen. Dementsprechend ist die Vergrößerung der Breite des Schmelzbads in diesem Fall auch geringer ausgeprägt als bei den untersuchten größeren Scanvektorlängen.

Diskussion

Durch die bisherigen Untersuchungen wird gezeigt, dass sich im Spurwechselbereich aufgrund der Vorwärmung durch die zuvor belichtete Spur in Verbindung mit der mäanderförmigen Belichtungsstrategie eine lokale Temperaturvergrößerung einstellt [88]. Aus der lokalen Vergrößerung der Temperatur resultiert zunächst eine Vergrößerung der Schmelzbadbreite [44, 50, 57]. Folglich wird in diesem Fall mehr Material in der Schmelze gelöst: Bei der Belichtung von Einzelspuren werden dabei vermehrt Pulverpartikel aus der Umgebung aufgeschmolzen, was an einer Vergrößerung der sogenannten „Denudation Zone" sichtbar wird, da mehr Pulverpartikel in der Schmelze gelöst werden [40].Bei der im Rahmen der Einzelschichtversuche durchgeführten Belichtung von Spuren im Spurverbund stammt das zusätzlich aufgeschmolzene Material zudem aus einem erneuten Aufschmelzen des bereits erstarrten, bzw. im Fall kleiner Scanvektorlängen noch schmelzflüssigen Materials der zuvor belichteten Schmelzspur, wie aus den Hochgeschwindigkeitsaufnahmen und der dort zu beobachtenden Asymmetrie der Schmelzbadmorphologie deutlich wird.

Aus der beschriebenen temperaturgetriebenen Heterogenität der Schmelzbaddimensionen und der resultierenden lokalen Verbreiterung der erstarrten Spur zu Beginn der Belichtung kann zunächst nicht direkt auf Defizite im Hinblick auf die Qualität des Spurverbunds bzw. des gefertigten Bauteils geschlossen werden. Eine mögliche Auswirkung besteht darin, dass durch eine Vergrößerung der Schmelzbadtemperatur Poren in der Wurzel der sich bei ausreichend großen

Temperaturen und einem Übergang ins Tiefschweißregime ausbildenden Dampfkapillare auftreten können [60, 61, 89, 90]. In [57] wird dieser Effekt auch durch Überhitzungen im Spurwechselbereich ausgelöst, wobei in den entsprechenden Untersuchungen kein Skywriting und zudem eine mäanderförmige Scanstrategie mit kontinuierlicher Belichtung (Laser bleibt auch im Wendepunkt dauerhaft eingeschaltet) eingesetzt wird. Im Rahmen von Vorversuchen zu dieser Arbeit konnten bei der Belichtung von Einzelspuren Poren an der Wurzel der Dampfkapillare erst bei einem signifikant vergrößerten Energieeintrag mit einer Scangeschwindigkeit von 400 mm/s ab einer Laserleistung von 350 W nachgewiesen werden (Bild 103, Anhang 12.2.2). In Querschliffen würfelförmiger Probekörper mit einer Kantenlänge von 10 mm, gefertigt mit dem Standardparametersatz, kann jedoch keine Porosität im Spurwechselbereich nachgewiesen werden (vgl. Bild 100, Anhang 12.1.2). Im Gegensatz zu den Untersuchungen in [57] erfolgt die Belichtung mit über den gesamten Scanvektor konstanter Scangeschwindigkeit (Einsatz von Skywriting) und einer mäanderförmigen Scanstrategie mit einer Abkühlzeit von 1,42 ms (Skywriting- und Sprungzeit) zwischen der Belichtung aufeinanderfolgender Spuren, sodass sich in diesem Fall offenbar nicht das für die Ausbildung einer Keyhole Porosität notwendige Prozessregime einstellt.

Zur Erklärung der beobachteten lokalen Überhöhungen in der Oberflächentopografie muss die Auswirkung der Temperaturerhöhung auf die Dynamik des Schmelzbads betrachtet werden: Aus [41] ist bekannt, dass sich durch eine Vergrößerung der Temperatur im Schmelzbad auch der Temperaturgradient im Schmelzbad vergrößert. Daraus ergibt sich zunächst ein verstärkter Massenstrom innerhalb der Schmelze (Marangoni Konvektion [41, 91]). Das Prozessregime wird dadurch in einen instabilen Bereich verschoben, da sich durch die Zunahme der Schmelzbadströmung eine Balling Charakteristik im Schmelzbad einstellt [28]. Eine mögliche Schlussfolgerung besteht somit darin, dass die lokalen Überhöhungen aus einer Zunahme der Prozessinstabilität aufgrund eines zu großen Energieeintrags resultieren. In diesem Fall erstarrt die Schmelze kugelförmig, woraus die beobachteten lokalen Überhöhungen resultieren. Ähnliche Schlussfolgerungen werden auch in [42] getroffen. Der Erklärungsansatz wird dadurch unterstützt, dass die lokalen Überhöhungen bei kleinen Scanvektorlängen (unterhalb 1,5 mm) mit entsprechend größeren lokalen Überhitzungen stärker ausgeprägt sind als die Überhöhungen im Spurwechselbereich.

4.1.2 Freie Schmelzspuren

Zu Beginn der Belichtung sind über die gesamte Länge der ersten belichteten Spur (Bild 33, Bereich 4) für alle Probekörper jeweils lokale Materialüberhöhungen von ca. 60 µm zu beobachten. In Bild 38 sind lichtmikroskopische Aufnahmen einer einzelnen Schmelzspur (Bild 38a), des Beginns des Spurverbunds (Bild 38b) sowie des Endes des Spurverbunds (Bild 38c) des quadratischen Probekörpers dargestellt.

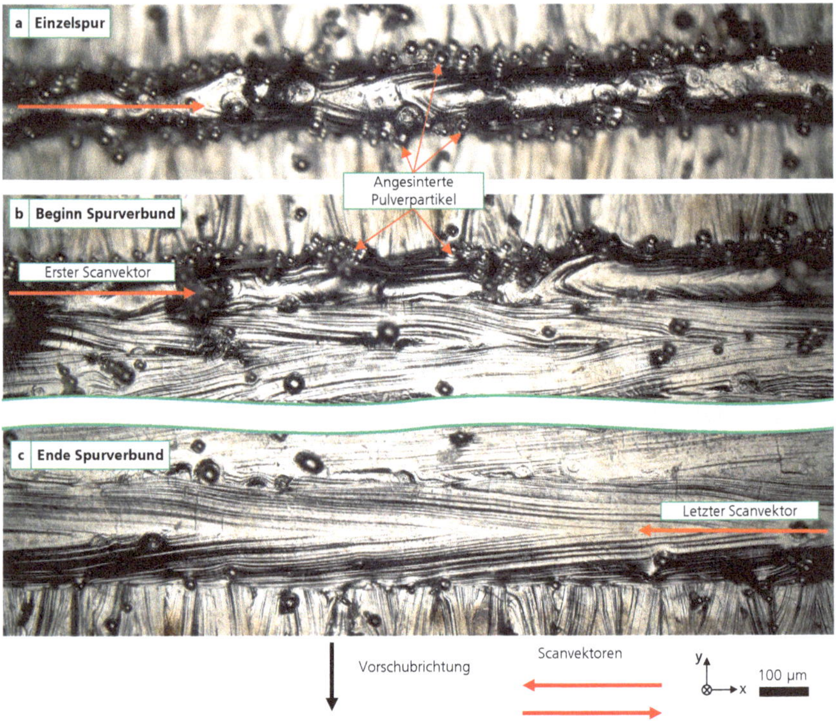

Bild 38: Lichtmikroskopische Aufnahme (Draufsicht) einer Einzelspur (a) sowie des Beginns (b) und des Endes (c) des Spurverbunds eines quadratischen Probekörpers

Beim Vergleich zwischen den Spuren im Spurverbund und der ersten belichteten Spur bzw. der Einzelspur ergeben sich wesentliche Unterschied im Hinblick auf die Ausprägung der Schmelzspur und der Spurmorphologie. Die Morphologie der Einzelspur (Bild 38a) ist wellig mit einer unregelmäßigen Oberflächenstruktur. Die Spurbreite ist unregelmäßig und an beiden Flanken der Spur befinden sich vielzählige angesinterte Pulverpartikel. Die erste gescannte Spur des Spurverbunds Bild 38b) hat an der vom Spurverbund abgewandten Spurflanke ebenfalls eine unregelmäßige Struktur sowie eine relativ ungleichmäßige Spurbreite mit angesinterten Pulverpartikeln und einer Morphologie, die an der dem Spurverbund abgewandten Spurflanke der der Einzelspur entspricht. Die letzte gescannte Spur des Spurverbunds (Bild 38c) hat eine glatte Flanke in Vorschubrichtung mit einer nur sehr geringen Anzahl angesinterter Pulverpartikel und einer gleichmäßigen Spurbreite und -morphologie.

Diskussion

Der wesentliche Unterschied zwischen der Belichtung einer Spur im Spurverbund und einer Einzelspur bzw. der ersten Spur innerhalb des Spurverbunds besteht darin, dass die Einzelspur bzw. erste Spur während der Belichtung orthogonal zur Scanrichtung beidseitig von Pulver umgeben ist, während Spuren im Spurverbund an der von der Vorschubrichtung abgewandten Spurflanke an eine bereits belichtete Spur angrenzen. Daraus ergeben sich drei Einflussfaktoren, die einen möglichen Einfluss auf die Unregelmäßigkeiten in der Schmelzspurformung haben können.

Die Benetzung der Schmelze kann nur an der darunterliegenden, bereits umgeschmolzenen und erstarrten Bauteilschicht und nicht zusätzlich an der zuvor belichteten, benachbarten Schmelzspur erfolgen. Die Benetzung der Schmelze ist ein wesentliches Kriterium für die Stabilität der Schmelzspur [37], sodass aus der im Vergleich zum Spurverbund geringeren Benetzung eine Zunahme der Instabilität der Schmelze in Bezug auf das Plateau-Rayleigh Kriterium resultiert (vgl. auch Kapitel 2.1.3). Das Schmelzbad bzw. dessen Stabilität nähert sich dadurch dem Balling-Regime, worauf auch die wellige und unregelmäßige Charakteristik der Schmelzspur zurückzuführen ist. Gleichzeitig ergibt sich eine Vergrößerung der Schmelzspurhöhe bei gleichzeitiger Reduzierung der Spurbreite. [36]

Aufgrund des beidseitig vorhandenen Pulvers kann zudem mehr Material in der Schmelze gelöst werden, da dieses beidseitig in das Schmelzbad übergehen kann. Entsprechend ist davon auszugehen, dass dadurch mehr Material schmelzflüssig zur Verfügung steht, was der aus der zunehmenden Instabilität resultierenden Vergrößerung der Schmelzspurhöhe zuträglich ist [42].

Ein weiterer Aspekt, der die Spurformung möglicherweise beeinflusst, ist das Nichtvorhandensein einer Vorwärmung durch eine zuvor belichtete Schmelzspur. In Bild 36 sind Untersuchungen dargestellt, bei denen mit Belichtungspausen von bis zu 140 ms zwischen den einzelnen Schmelzspuren eine Abkühlung bewirkt wurde. Bei Betrachtung der Aufnahmen der Oberfläche des Spurverbunds finden sich jedoch keinerlei Anhaltspunkte für einen negativen Einfluss der Belichtungspausen auf die Stabilität der Spuren im Spurverbund, sodass der Aspekt der Vorwärmung für die Untersuchungen im Rahmen dieser Arbeit als nicht signifikanter Einflussfaktor auf die Instabilität der freien Scanvektoren angesehen werden kann.

4.2 Überhangstrukturen

Sowohl für die Voruntersuchungen als auch im Rahmen der in Kapitel 6.2 durchgeführten Versuche wird der Bild 39 in dargestellte Überhangprobekörper verwendet. Die maximale Länge des Überhangs beträgt 40 mm und die Breite, sofern nicht anders angegeben, 10 mm. Der Überhangwinkel α wird je nach Versuch variiert. In jedem Baujob können zehn Probekörper gleichzeitig gefertigt werden.

Bild 39: Schematische Darstellung des Überhangprobekörpers (links) sowie der Baujobzusammenstellung (rechts)

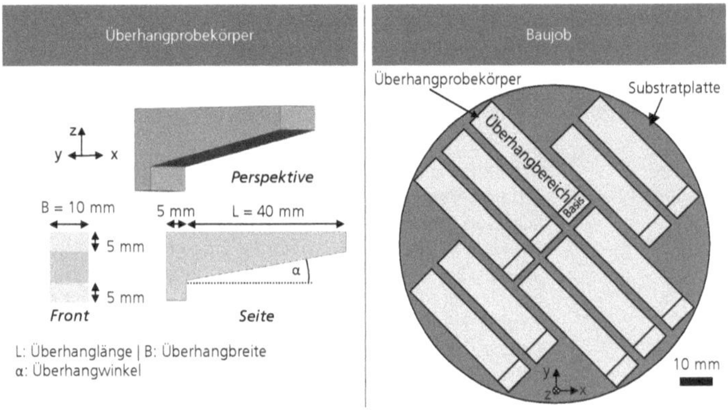

Die Auswertung der Versuche zur Fertigung der Überhangprobekörper erfolgt mittels der mit der CMOS Kamera aufgenommenen Bilder der Prozesszone nach dem Pulverauftrag gemäß der in Kapitel 3.6 dargestellten Methodik. Im Rahmen der Vorversuche werden Überhangprobekörper mit Überhangwinkeln zwischen 10° und 40° in Schritten von 10° gefertigt.

Die Zielsetzung besteht in der Identifikation des kritischen Überhangwinkels, mit dem Probekörper mit einer konventionellen Prozessführung nach Stand der Technik stützenfrei gefertigt werden können. Zur Fertigung der Probekörper wird einerseits der Standardparametersatz für das gesamte Bauteil und andererseits der Standardparametersatz in Verbindung mit einem Downskinparametersatz eingesetzt, der anhand von Downskinparametersätzen kommerzieller LPBF-Anlagen ausgewählt wird (vgl. Bild 40).

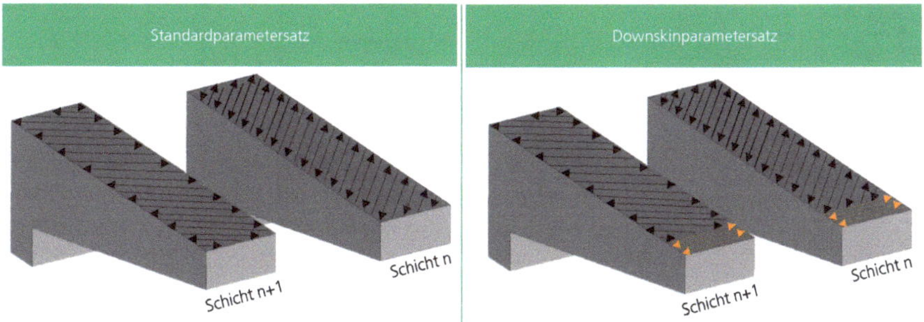

Standardparametersatz mit +-45° Scanvektorrotation

Downskinparametersatz bis 5 Schichten oberhalb des Pulvers
Laserleistung 100 W | Scangeschwindigkeit 1000 mm/s
Spurabstand 0,08 mm | konturparallele Scanstrategie

Bild 40: Schematische Darstellung der Belichtungsstrategien und Prozessparameter für die Fertigung von Überhangprobekörpern

Bei Downskinparametersätzen kommerzieller LPBF-Anlagen erfolgt die Berücksichtigung des Downskins im Bereich von drei bis acht Schichten oberhalb des Pulvers. In diesen Schichten wird die Laserleistung auf 80 W bis 120 W und der Spurabstand auf 0,06 mm bis 0,1 mm reduziert und die Scangeschwindigkeit zwischen 800 mm/s und 1200 mm/s variiert [18 bis 20]. Die Bearbeitungsstrategien der kommerziellen Anlagen unterscheiden sich dabei zwischen einer Rotation der Scanvektoren pro Schicht um +-45° [19], keiner Rotation [20] oder einer konturverfolgende Bearbeitungsstrategie [18]. In [59, 65, 72] wird, jeweils durch Fertigung von Twincantilevern mit verschiedenen Scanstrategien, nachgewiesen, dass bei Verwendung einer konturverfolgenden Scanstrategie der geringste Verzug auftritt. Basierend auf dem beschrieben Stand der Technik wird für die Vorversuche der Downskinparametersatz innerhalb von fünf Schichten oberhalb des Pulvers angewendet und dabei eine Laserleistung von 100 W, eine Scangeschwindigkeit von 1000 mm/s, ein Spurabstand von 0,08 mm und eine konturverfolgende Scanstrategie eingesetzt.

In Bild 41 ist das Flächenvergleichsmaß (FVM) in Abhängigkeit der gefertigten Überhanglänge für den Standardparametersatz und die untersuchten Überhangwinkel dargestellt. Zudem sind an einigen Datenpunkten zusätzlich die resultierenden CMOS Bilder dargestellt, um die Charakteristik des Verzugs zu verdeutlichen.

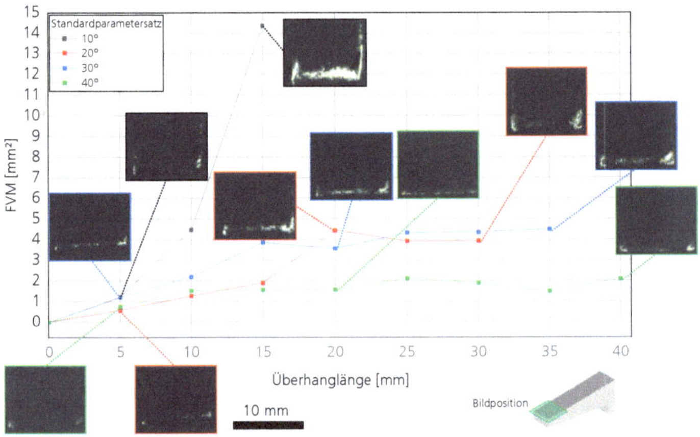

Bild 41: FVM in Abhängigkeit der Überhanglänge für unterschiedliche Überhangwinkel für den Standardparametersatz

Eine verzugsfreie Fertigung der Überhangprobekörper ist für keinen der untersuchten Überhangwinkel möglich. Der Bauvorgang der Probekörper mit einem Überhangwinkel kleiner 40° Grad muss jeweils vorzeitig abgebrochen werden. Der geringste Verzug tritt bei einem Überhangwinkel von 40°, der größte Verzug bei einem Überhangwinkel von 10° auf. Neben des Ausmaßes unterscheidet sich der auftretende Verzug in Abhängigkeit des Überhangwinkels in der Charakteristik: Insbesondere für größere Überhangwinkel tritt der Verzug hauptsächlich an der vorderen Kante des Überhangs in dem Bereich auf, an dem eine Belichtung direkt ins Pulver erfolgt. Für kleinere Überhangwinkel tritt der Verzug zudem an den seitlichen Kanten des Überhangs auf. Ebenso ist Material an den äußeren Ecken des Überhangs sichtbar. In diesem Bereich erfolgt die Belichtung aufgrund der Scanstrategie zwischen den Schichten abwechselnd in Form eines Dreiecks mit einer stetigen Verkleinerung der Scanvektoren schichtweise in jeweils eine Ecke des Überhangs. Neben einem durch den Überhang induzierten Verzug kann hier analog zu den in Kapitel 4.1 beschriebenen Effekten von lokalen Materialüberhöhungen aufgrund kurzer Repetitionszeiten ausgegangen werden.

In Bild 42 ist das FVM in Abhängigkeit der gefertigten Überhanglänge für den Downskinparametersatz und die untersuchten Überhangwinkel dargestellt. Zudem sind an einigen Datenpunkten zusätzlich die resultierenden CMOS Bilder dargestellt, um die Charakteristik des Verzugs zu verdeutlichen.

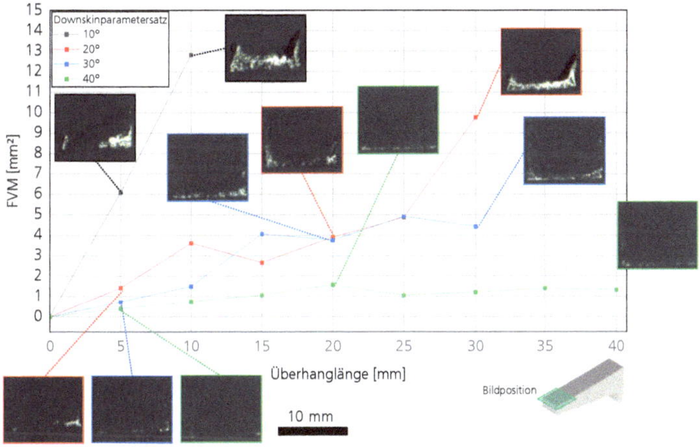

Bild 42: FVM in Abhängigkeit der Überhanglänge für unterschiedliche Überhangwinkel für den Downskinparametersatz

Die Beobachtungen bei Verwendung des Downskinparametersatzes ähneln grundsätzlich denen, die bei Verwendung des Standardparametersatzes gemacht werden. Ausschließlich der Probekörper mit einem Überhangwinkel von 40° kann vollständig aufgebaut werden. Größter bzw. kleinster Verzug ergibt sich bei einem Überhangwinkel von 10° bzw. 40°. Bei Verwendung des Downskinparametersatzes ergeben sich bei kleineren Überhangwinkeln stärkere Verzüge als beim Standardparametersatz. Beim Überhangwinkel von 40° ist der Verzug dagegen geringer.

Diskussion

Probekörper mit einem Überhangwinkel kleiner als 35° können mit Prozessparametern nach Stand der Technik nicht erfolgreich aufgebaut werden. Zudem tritt auch bei der Fertigung der Probekörper mit einem Überhangwinkel von 40° Verzug auf, wobei dieser nicht zum Abbruch des Bauvorgangs führt. Diese Beobachtungen ähneln den Erkenntnissen anderer Arbeiten, in denen ein Überhangwinkeln von 35° als Überhanggrenzwinkel angegeben wird, wobei in diesem Fall Probekörper mit einer geringeren maximalen Überhanglänge gefertigt werden [72]. Je kleiner der Überhangwinkel, desto kleiner ist die Überhanglänge, bei der ein Abbruch des Bauvorgangs notwendig ist bzw. desto größer ist der Verzug bei gleicher Überhanglänge. Zur Fertigung von Probekörpern mit relativ kleinen Überhangwinkeln scheint eine Reduzierung des Energieeintrags, z.B. durch reduzierter Laserleistung, nicht zwangsläufig förderlich zu sein. Neben den bereits in anderen Arbeiten [59, 65] an Twincantilevern dargestellten verzugsmindernden Wirkung einer konturverfolgenden Belichtungsstrategie kann gezeigt werden, dass durch diese Strategie ebenfalls lokale Materialüberhöhungen vermieden werden können.

Insgesamt können mit den hier untersuchten Ansätzen unter Beibehaltung von Standardparametern im Überhang und der Verwendung von Downskinparametern kommerzieller LPBF-Anlagen die in einzelnen Forschungsarbeiten [69, 75] erreichten kritischen Überhangwinkel von 30° bzw. bis zu 25° nicht erreicht werden. Bemerkenswert ist zudem, dass sich bei der Fertigung von Probekörpern mit relativ kleinen Überhangwinkeln und Verwendung der Downskinparameter ein größerer Verzug eingestellt hat als bei Verwendung von Standardparametern. Dies legt die Vermutung nahe, dass durch eine pauschale Verkleinerung des Energieeintrags im Überhangbereich (Laserleistung im Downskin von 100 W) keine direkte Vergrößerung der Baubarkeit von Probekörpern mit kleinem Überhangwinkel erreicht wird, obwohl dies teilweise in der Literatur als wesentliche Maßnahme suggeriert wird [74]. Vielmehr wird durch die Ergebnisse der Untersuchungen die Hypothese gestützt, dass weniger der absolute Betrag des Energieeintrags, sondern die zeitliche und örtliche Abfolge der Belichtung und insbesondere das aus dieser resultierende Temperaturfeld einen wesentlichen Einfluss auf die Baubarkeit bzw. den Verzug haben.

4.3 Aufbaurate

4.3.1 Theoretische Aufbaurate

Die Effizienz der Belichtung beim LPBF im Schraffurbereich wird häufig über das pro Zeiteinheit umgeschmolzene Materialvolumen bestimmt [43]. Zur Quantifizierung wird meistens die sogenannte theoretische Aufbaurate $\dot{V}_{th}$ (Formel **4.2**) verwendet, die sich aus dem Produkt der Prozessparameter Schichtstärke D_S, Spurabstand Δy_S und Scangeschwindigkeit v_S ergibt [10].

4.2

$$\dot{V}_{th} = D_S * \Delta y_S * v_S \, [\frac{mm^3}{s}]$$

Die Prozessparameter sind werkstoffabhängig und werden experimentell bestimmt. Die typische Zielsetzung besteht darin, eine möglichst große relative Dichte bei größtmöglicher theoretischer Aufbaurate zu erzielen. Zur Vergrößerung der theoretischen Aufbaurate wird bspw. versucht, ausgehend von einem bekannten Prozessparametersatz, die Scangeschwindigkeit zu vergrößern und durch gleichzeitige Vergrößerung der Laserleistung eine höhere Aufbaurate bei gleichbleibender relativer Dichte zu realisieren. Analog können vergleichbare Ansätze auch durch Vergrößerung der Schichtstärke oder des Spurabstands erfolgen. [92, 93] Im Hinblick auf eine Vergrößerung der theoretischen Aufbaurate ist es dabei unerheblich, welcher Parameter vergrößert wird, da sich jeweils eine direkt proportionale Vergrößerung der theoretischen Aufbaurate ergibt.

In der praktischen Anwendung zeigt sich, dass sich signifikante Abweichungen zwischen den gemessenen Belichtungszeiten von Baujobs oder auch der Belichtung einzelner Bauteilschichten und den mittels der theoretischen Aufbaurate berechneten Belichtungszeiten ergeben. Ursache für diese Abweichungen sind Nebenzeiten im Optiksystem der LPBF-Anlagen, die bei der Berechnung der theoretischen Aufbaurate nicht berücksichtigt werden. Die Abweichungen zwischen realer Belichtungszeit und mittels theoretischer Aufbaurate bestimmter Belichtungszeit sind von der spezifischen Bauteilgeometrie abhängig und betragen z.T. über 30 %, wobei die mittels der theoretischen Aufbaurate bestimmten Belichtungszeiten aufgrund der nicht berücksichtigten Nebenzeiten stets geringer sind als die gemessenen bzw. realen Belichtungszeiten. [94] Um den Einfluss der Bauteilgeometrie auf die Aufbaurate zu berücksichtigen, wird daher im Folgenden eine neuartige Berechnungsvorschrift für die Aufbaurate beim LBPF hergeleitet, bei deren Berechnung die Nebenzeiten im optischen System möglichst berücksichtigt werden sollen. Diese sogenannte reale Aufbaurate wird dann mit der theoretischen Aufbaurate verglichen.

4.3.2 Reale Aufbaurate

Die Galvanometerscanner in LPBF-Anlagen lenken die Laserstrahlung über zwei Spiegel in die Prozessebene der Baukammer ab. Durch Rotation der Spiegel wird der Laserspot auf der Bauplattform positioniert. Aufgrund des Gewichts der Spiegel ergeben sich bei deren Rotation Beschleunigungsvorgänge sowie ein Schleppverzug. Zudem sind bei der LPBF-Fertigung Sprungvorgänge zur Positionierung des Laserspots bei ausgeschaltetem Laser notwendig. Alle beschriebenen Vorgänge resultieren in zusätzlichen unproduktiven (der Laser ist ausgeschaltet) Nebenzeiten, die in die Belichtungszeit eingehen. Die für die Belichtung des Schraffurbereichs beim LPBF relevanten Nebenzeiten werden in Tabelle 43 dargestellt und beschrieben. [22]

Tabelle 43: Nebenzeiten des Optiksystems bei Belichtung der Bauteilschraffur nach [22]

Nebenzeit	Beschreibung
Sprungzeit	Sofern der Startpunkt eines Scanvektors nicht mit dem Endpunkt des vorherigen Scanvektors übereinstimmt, muss vor der Belichtung des Scanvektors zunächst die neue Startposition bei ausgeschaltetem Laser mit Sprunggeschwindigkeit (typischerweise 3 m/s bis 6 m/s) angesprungen werden.
Jumpdelay	Nach der Ausführung eines Sprungvorgangs wird zum Ausgleich des Schleppverzugs der Spiegel des Galvanometerscanners ein Jump Delay (typischerweise 200 µs bis 1000 µs) eingefügt.
SkyWriting	Zur Ausführung des Beschleunigungsvorgangs am Anfang (NPrev) bzw. am Ende (NPost) jedes Scanvektors zur Sicherstellung einer konstanten Scangeschwindigkeit wird eine jeweils konstante Zeitdauer benötigt (typischerweise je 300 µs bis 1000 µs für NPrev bzw. NPost).

Um eine genauere Bestimmung der Aufbaurate zu ermöglichen und den Einfluss der Geometrie bei der Berechnung der Aufbaurate zu berücksichtigen, wird im Folgenden die reale Aufbaurate $\dot{V}_{re}$ hergeleitet, bei deren Berechnung die Nebenzeiten des Optiksystems berücksichtigt werden sollen.

Dazu wird zunächst der Ablauf der Belichtung eines Scanvektors im Schraffurbereich betrachtet. Die reale Aufbaurate setzt das auf der Strecke eines Scanvektors im Schraffurbereich mit der Scanvektorlänge l_V umgeschmolzene Materialvolumen (D_S*l_V*Δy_S) ins Verhältnis zur für diesen Vorgang benötigten Zeitdauer. Der Ablauf der Belichtung eines Scanvektors im Schraffurbereich ist in Bild 44 schematisch dargestellt und gliedert sich in fünf Zeitschritte. Die Pfeile symbolisieren die Bewegungspfade des Laserspots in der XY-Ebene, wobei der Laser bei gestrichelten Pfeilen aus- und bei durchgezogenen Pfeilen angeschaltet ist.

Bild 44: Ablauf der Belichtung eines Scanvektors im Schraffurbereich

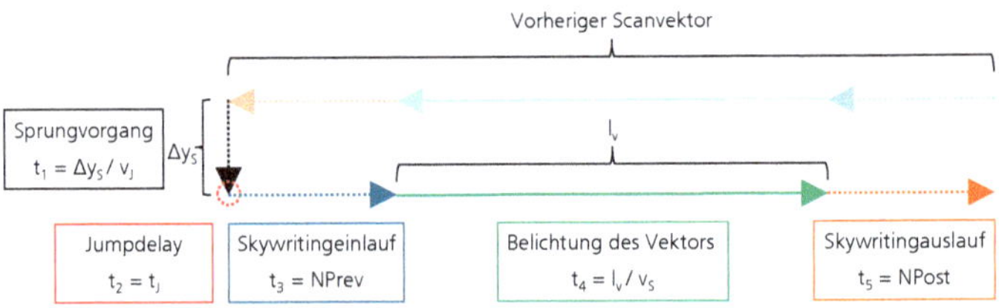

1. Sprungvorgang (t_1) zur Positionierung des Scanners am Startpunkt der Skywritingeinlaufbewegung ausgehend vom Endpunkt der Skywritingauslaufbewegung des vorherigen Scanvektors mit der Sprungdistanz Δy_S und der Sprunggeschwindigkeit v_J

2. An den Sprungvorgang anschließendes Jumpdelay (t_2): t_J

3. Zeitdauer der Skywritingeinlaufbewegung (t_3): N_{Prev}

4. Belichtung des Scanvektors (t_4) mit der Länge l_V und der Scangeschwindigkeit v_S

5. Zeitdauer der Skywritingauslaufbewegung (t_5): N_{Post}

Die Summe der fünf Zeitschritte ergibt die Gesamtausführungszeit eines Scanvektors im Schraffurbereich. Das über den Verlauf des Scanvektors umgeschmolzene Materialvolumen wird ins Verhältnis zur Ausführungszeit gesetzt, sodass sich für die reale Aufbaurate in Abhängigkeit der Scanvektorlänge ergibt:

$$V_{re}(l_v) = \frac{D_S * \Delta y_S * l_v}{\frac{\Delta y_S}{v_J} + t_j + N_{Prev} + \frac{l_v}{v_S} + N_{Post}} \left[\frac{mm^3}{s}\right] \quad (4.3)$$

Vernachlässigt werden bei der Berechnung der realen Aufbaurate bauteil- bzw. baujobspezifische Zeitanteile der Belichtung, die sich z.B. durch globale Sprünge zwischen unterschiedlichen Bauteilbereichen oder mehreren Bauteilen innerhalb eines Baujobs, unterschiedliche lokale Sprungdistanzen zwischen den Schraffurvektoren, zusätzliche Belichtungsvorgänge wie z.B. Konturbelichtung oder Änderungen zeitbeeinflussender Parameter wie der Scangeschwindigkeit in unterschiedlichen Bauteilbereichen ergeben. Derlei bauteilspezifische Zeitanteile müssen für jedes zu fertigende Bauteil und in Abhängigkeit der Position des Bauteils im Bauraum individuell bestimmt werden und sind nicht in einer allgemeingültigen Berechnungsvorschrift wie Formel **4.3** darstellbar. Bei der Verwendung von Multi-Laser LPBF-Anlagen beeinflusst zudem die Aufteilung der einzelnen Scanvektoren auf die verschiedenen Laser die Belichtungszeit.

Die reale Aufbaurate gemäß Formel **4.3** wird nun mit der theoretischen Aufbaurate verglichen, um die Auswirkungen der Nebenzeiten auf den Belichtungsvorgang zu untersuchen. Dazu sind in Bild 45 für den Standardparametersatz die theoretische und die reale Aufbaurate in Abhängigkeit der Scanvektorlänge dargestellt.

Bild 45: Theoretische und reale Aufbaurate für Standardparameter in Abhängigkeit von der Scanvektorlänge

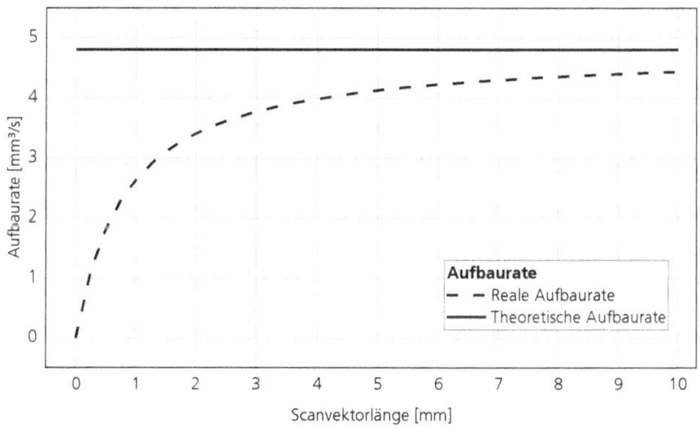

Die theoretische Aufbaurate beträgt unabhängig von der Scanvektorlänge 4,8 mm^3/s. Unter Berücksichtigung der Nebenzeiten (reale Aufbaurate) wird der Wert der theoretischen Aufbaurate für alle untersuchten Scanvektorlängen nicht erreicht, sondern stets unterschritten. Die maximal erreichbare reale Aufbaurate ergibt sich bei maximaler Scanvektorlänge (10 mm) mit 4,4 mm³/s und entspricht dabei ca. 88 % der theoretischen Aufbaurate. Für eine Scanvektorlänge von 1 mm beträgt die reale Aufbaurate nur noch 2,0 mm³/s bzw. 41 % der theoretischen Aufbaurate. Über alle betrachteten Scanvektorlängen gemittelt beträgt die reale Aufbaurate 3,3 mm³/s bzw. 69,7 % der theoretischen Aufbaurate. Für Scanvektorlängen bis 10 mm entfallen im Mittel über 30 % der Belichtungszeit für den betrachteten Prozessparametersatz auf unproduktive Nebenzeiten. Diese haben somit einen signifikanten Einfluss auf die Aufbaurate, die Belichtungszeit und die Produktivität.

Die Geometrieabhängigkeit der realen Aufbaurate wird über die Scanvektorlänge berücksichtigt. Mit Verkleinerung der Scanvektorlänge ergibt sich ein zunehmender Einfluss der Nebenzeiten, der sich in einer Verkleinerung der realen Aufbaurate auswirkt. Die in die Belichtungszeit einfließenden Nebenzeiten sind konstant, während die Zeitdauer des Umschmelzens proportional zur Scanvektorlänge ist. Dementsprechend steigt der relative Anteil der Nebenzeiten an der Gesamtausführungszeit bei Verkleinerung der Scanvektorlänge an und eine geringere Aufbaurate resultiert. Bezogen auf die Belichtung eines realen Bauteils kann somit gefolgert werden, dass sich insbesondere bei filigranen, dünnwandigen Bauteilen, die geometriebedingt mit einer entsprechend größeren Anzahl an kürzeren Scanvektoren belichtet werden, eine geringere Aufbaurate ergibt, als bei relativ massiven, dickwandigen Bauteilen mit längeren Scanvektoren.

4.4 Zwischenfazit

Die Umgebung der beim LBPF belichteten Spuren und die zeitliche und örtliche Abfolge der Belichtung haben einen signifikanten Einfluss auf die Morphologie der einzelnen Schmelzspuren sowie des Spurverbunds. In Bezug auf die Umgebung beeinflusst dabei insbesondere der Zustand des an den Spurflanken befindlichen Materials (Festmaterial oder Pulver) die Benetzungsfähigkeit sowie die im Schmelzbad gelöste Menge an Pulvermaterial. In Bezug auf die zeitliche und örtliche Abfolge der Belichtung im Spurverbund ergibt sich durch das resultierende Temperaturfeld eine Heterogenität der Schmelzbaddimensionen. Insgesamt resultieren daraus lokale Materialüberhöhungen und eine reduzierte Auflösung in der Prozessebene durch lokale Vergrößerungen des Schmelzbads und letztlich geometrieabhängige Schwankungen der Bauteilqualität und Prozessrobustheit.

Bei der Fertigung von Überhangstrukturen können unter Verwendung der konventionellen LPBF-Prozessführung keine Überhangprobekörper ohne Stützstrukturen mit einem Überhangwinkel kleiner 40° gefertigt werden. Zudem ergibt sich auch unter Berücksichtigung weiterer Arbeiten aus der Literatur zur Verkleinerung des kritischen Überhangwinkels kein klarer Zusammenhang im Hinblick auf die zielgerichtete Auswahl von Prozessparametern im Überhangbereich zur Vermeidung oder Unterdrückung von Verzug.

Unter Berücksichtigung der im Optiksystem auftretenden Nebenzeiten wird deutlich, dass die reale Aufbaurate beim LPBF stark von der Bauteilgeometrie abhängig ist. Für den Standardparametersatz beträgt die reale Aufbaurate im Mittel nur ca. 70 % der theoretischen Aufbaurate und mit einer abhängig von der Bauteilgeometrie verkleinerten Scanvektorlänge steigt der Anteil unproduktiver Nebenzeiten an der Belichtungszeit an.

Im Folgenden sollen ausgehend von den drei beschriebenen Handlungssträngen in Kapitel 6 jeweils Ansätze zur adaptiven Prozessführung erarbeitet werden. Dazu wird in Kapitel 6.1 durch die Entwicklung einer Prozessführungsstrategie mit lokaler Anpassung der Laserleistung untersucht, inwiefern sich die temperaturabhängige Veränderung der Schmelzbaddimensionen unterbinden und eine von der zeitlichen und örtlichen Abfolge der Belichtung unabhängige Qualität der Morphologie des Spurverbunds entwickeln lässt. Da es sich bei der LPBF-Belichtung im Wesentlichen um ein Schweißverfahren handelt [95], wird in Kapitel 6.2 geprüft, inwiefern aus der Schweißtechnik bekannte Methoden zur Vermeidung bzw. Unterdrückung von Verzug auf den LBPF Prozess übertragen werden können und die Tauglichkeit dieser Methoden am Beispiel der Verkleinerung des kritischen Überhangwinkels geprüft. In Kapitel 6.3 wird mittels einer Sensitivitätsanalyse die Auswirkung der unterschiedlichen Prozessparameter im Hinblick auf eine Vergrößerung der Aufbaurate untersucht. Basierend auf den Ergebnissen der Analyse soll daraufhin ein Ansatz zur Vergrößerung der Aufbaurate durch adaptive Prozessführung demonstriert werden.

Im Hinblick auf den definierten Handlungsbedarf ergeben sich im Vorfeld auch veränderte Anforderungen an die Anlagen- und Steuerungstechnik der LPBF-Anlage. Insbesondere wird eine dynamische Anpassung der LPBF-Prozessparameter notwendig, die mit der derzeitigen Steuerungstechnik nicht umsetzbar ist. Aus diesem Grund ergeben sich folgende Anforderungen an die Anlagen- und Steuerungstechnik, die zunächst in Kapitel 5 untersucht werden müssen:

- Charakterisierung der Laserstrahlquelle hinsichtlich einer dynamischen Anpassung der Laserleistung
- Charakterisierung der RTC5-Steuerkarte hinsichtlich einer dynamischen Anpassung der Prozessparameter
- Entwicklung eines flexiblen Datenformats zur Abbildung der LPBF-Jobdateien mit möglichst vollständigem Zugriff auf die Befehlsliste der RTC5-Steuerkarte

5 Anlagen- und Steuerungstechnik

5.1 Dynamische Anpassung von Prozessparametern

Die RTC5-Steuerkarte verfügt über zwei Befehlslisten mit einer Speicherkapazität von jeweils 4000 Positionen. Die in den Listen enthaltenen Befehle (z.B. Setzen der Laserleistung, Markierung) werden mit einer Taktzeit von 10 µs ausgeführt. Im Betrieb wird jeweils eine der Befehlslisten abgearbeitet, während die andere von der Steuerungssoftware mit neuen Befehlen befüllt wird. Nach der Bearbeitung einer Liste wird ohne Zeitverlust auf die zweite Befehlsliste gewechselt, sodass ein unterbrechungsfreier Betrieb ermöglicht wird. [22]

Eine Besonderheit besteht darin, dass die für die adaptive Prozessführung relevanten Befehle zur Anpassung von Laserleistung, Scangeschwindigkeit, Pausenzeiten und Defokussierung durch die Verwendung sogenannter kurzer Listenbefehle auf steuerungstechnischer Ebene ohne Zeitverlust umgesetzt werden. So wird bspw. für eine Anpassung der Laserleistung vor der Ausführung eines Markierbefehls kein eigener 10 µs-Takt benötigt. Die Laserleistungsvorgabe wird im gleichen Takt ausgeführt wie der Markierbefehl. So können bspw. für jeden einzelnen Scanvektor innerhalb eines Polygonzugs Anpassungen der Laserleistung unterbrechungsfrei (Laser bleibt angeschaltet) und ohne Zeitverlust umgesetzt werden. Dabei ist anzumerken, dass sich die Befehlsausführung ohne Zeitverlust ausschließlich auf die steuerungstechnische Ebene bezieht. Listenbefehle, die Parameteränderungen auf mechanischer Ebene bewirken, wie eine Veränderung der Scangeschwindigkeit (Beschleunigung der Scannerspiegel) oder eine Defokussierung (Lineare Bewegung der Fokussierlinse innerhalb der dynamischen Fokussiereinheit) erzeugen eine zusätzliche Verzögerung.

5.2 Dynamik von Laserstrahlquelle und Steuerkarte

Im Folgenden wird die Tauglichkeit der RTC5-Steuerkarte und der Laserstrahlquelle zur Umsetzung der dynamischen Anpassung der Laserleistung untersucht. Die dynamische Anpassung der Laserleistung erfolgt durch Mikrovektorisierung, also die Aufteilung eines einzelnen Scanvektors in einen Polygonzug aus mehreren relativ kurzen Scanvektoren, wie in Bild 46 dargestellt.

Bild 46: Schematische Darstellung von Scanvektoren mit unterschiedlichen Laserleistungsprofilen und Mikrovektorisierung

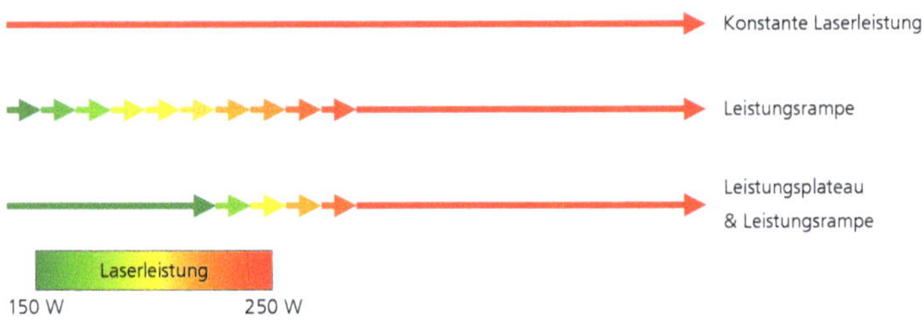

Jeder Mikrovektor kann bei Bedarf mit einer eigenen Laserleistungsvorgabe versehen werden, um so die dynamische Leistungsanpassung innerhalb eines Scanvektors, wie z.B. eine Leistungsrampe, umzusetzen. Die kürzeste Ausführungsdauer eines Mikrovektors würde theoretisch der Taktzeit der RTC5-Steuerkarte (10 µs) entsprechen und bei einer Scangeschwindigkeit von 1000 mm/s somit 10 µm betragen. Um die Datenmenge zu reduzieren, werden im folgenden Mikrovektoren mit einer Länge von 50 µm als Kompromiss zwischen Datenmenge und Auflösung verwendet. Um eine Verzögerung zwischen den einzelnen Mikrovektoren auszuschließen, wird das Skywriting ausgeschaltet und das Polygon Delay auf 0 µs eingestellt.

In Bild 47 sind vier mittels Hochgeschwindigkeitsleistungsmesskopf gemessene Leistungsprofile für jeweils 10 mm lange Scanvektoren in Abhängigkeit der Zeit dargestellt. Als Referenz wird zunächst eine Messung mit einer konstanten Leistung von 250 W durchgeführt (Bild 47a). Zur Prüfung der dynamischen Leistungsanpassung wird eine scanvektorweise Leistungsanpassung mit einer Variation der Leistung zwischen 250 und 125 W durchgeführt (Bild 47b). Zur Prüfung der Leistungsanpassung innerhalb der Scanvektoren wird eine Leistungsrampe von 150 W auf 250 W innerhalb einer Strecke von 1,5 mm am Scanvektoranfang (Bild 47c) sowie die gleiche Leistungsrampe mit vorgelagertem Leistungsplateau von 150 W auf einer Strecke von 0,5 mm untersucht (Bild 47d).

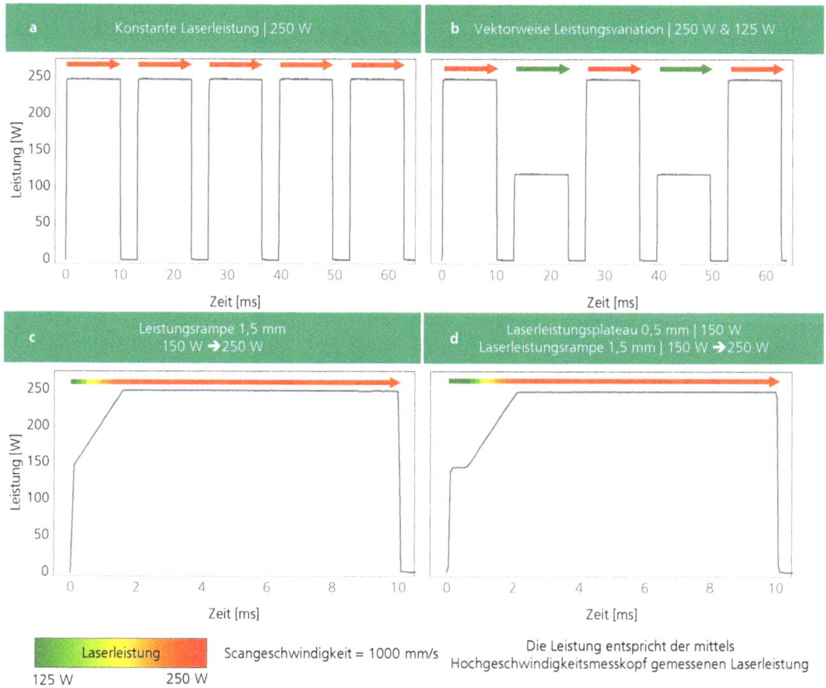

Bild 47: Laserleistungsmessung für unterschiedliche Leistungsprofile

Insgesamt ergeben sich keine Auffälligkeiten im Hinblick auf die Umsetzung der vorgegebenen Laserleistungsprofile, sowohl für innerhalb eines Scanvektors konstante Laserleistungen als auch für die durch Mikrovektorisierung dynamisch angepassten Leistungsverläufe. Die Steuerkarte und die Laserstrahlquelle können dementsprechend für die im Rahmen der Arbeit entwickelte adaptive Prozessführung als tauglich betrachtet werden.

5.3 Beschleunigungskompensation

Bei der Verwendung von Parametrierbefehlen (z.B. Laserleistungsanpassung, Scangeschwindigkeitsanpassung) vor Markierbefehlen ermöglicht die RTC5 Steuerkarte keine Verwendung des im LPBF eingesetzten, zeitoptimierten Skywritings (Modus 2/3) zur Beschleunigungskompensation [22]. Da somit das RTC5 interne Skywriting im Rahmen dieser Arbeit nicht verwendet werden kann, ist es notwendig, ein Skywriting-Äquivalent zur Beschleunigungskompensation zu entwickeln. Die einzige Eingriffsmöglichkeit in die dafür anzupassenden Bewegungspfade des Laserspots in der Prozessebene ergibt sich während der Datenaufbereitung. Gleichzeitig müssen die Laser-Delays der LPBF-Anlage angepasst werden, um eine ordnungsgemäße und geometrietreue Bearbeitung zu ermöglichen. Folgende Anpassungen müssen dazu durchgeführt werden:

1. Jeder im Rahmen der Datenaufbereitung generierte Scanvektor wird an Anfang ($L_{Vorlauf}$) und Ende ($L_{Nachlauf}$) um eine bestimmte Strecke verlängert. Die Strecken dienen einerseits als Beschleunigungsstrecke und im Nachlauf zusätzlich zur Kompensation des Schleppverzugs des Galvanometerscanners

2. Die Laser-Delays der LPBF-Anlage werden so eingestellt, dass der Laser erst nach Erreichen der Sollgeschwindigkeit und an der Soll-Startposition angeschaltet (Laser-On-Delay, LD_{On}) und nach Erreichen der Soll-Endposition ausgeschaltet (Laser-Off-Delay, LD_{Off}) wird

Als Ausgangspunkt werden die bereits bekannten Skywriting-Parameter (Bild 22) verwendet und auf die vier für die Beschleunigungskompensation relevanten Parameter adaptiert. In Tabelle 48 sind die zugehörigen Berechnungsvorschriften sowie die für eine Scangeschwindigkeit von 1000 mm/s ermittelten Parameter dargestellt.

Tabelle 48: Parameter für die Beschleunigungskompensation bei einer Scangeschwindigkeit von 1000 mm/s

Komponente	Berechnungsvorschrift	Parameter (v_S = 1000 mm/s)
Vorlauflänge	$L_{Vorlauf} = v_S * NPrev$	0,4 mm
Nachlauflänge	$L_{Nachlauf} = \frac{Schleppverzug}{v_S}$	0,29 mm
Laser-On-Delay	$LD_{ON} = \frac{L_{Vorlauf}}{v_S} + Schleppverzug$	690 µs
Laser-Off-Delay	$LD_{OFF} = Schleppverzug - L_{Nachlauf} * v_S$	0 µs

Für eine Scangeschwindigkeit von 1000 mm/s ergibt sich basierend auf der Dauer des Vorlaufs NPrev = 400 µs eine Länge der Vorlaufstrecke von $L_{Vorlauf}$ = 400 µm. Die Länge der Nachlaufstrecke wird der Dauer des Schleppverzugs (entsprechend des Skywriting Parameters Timelag = 290 µs) auf $L_{Nachlauf}$ = 290 µm festgelegt. Dies soll ein Abschalten des Lasers exakt nach Ablauf des Schleppverzugs, also zum Ende des Scanvektors, bewirken. Das Laser-Off-Delay wird dementsprechend auf LD_{Off} = 0 µs eingestellt. Beim Laser-Off-Delay ist anzumerken, dass dies nur Werte größer oder gleich 0 µs annehmen kann. Das Laser-On-Delay wird auf LD_{On} = 690 µs festgelegt. Dieser Wert ergibt sich aus der Summe der Dauer des Scannens der Vorlaufstrecke (400 µs) und des Schleppverzugs (290 µs).

Werden Spuren mit dynamischer Anpassung der Laserleistung innerhalb eines Scanvektors markiert, muss zusätzlich noch der Schleppverzug des Scanners bei der Laserleistungsvorgabe berücksichtigt werden: Die Ist-Position des Scanners läuft dessen Soll-Position um einer dem Schleppverzug des Scanners entsprechenden Strecke (Produkt aus Schleppverzug und Scangeschwindigkeit) nach [22]. Da die RTC5-Steuerkarte die Leistungsanpassungen jedoch entsprechend der Soll-Position umsetzt, würden die Befehle zur Leistungsänderung ohne eine Kompensation jeweils um die Dauer des Schleppverzuges zu früh auf dem Scanvektor angewandt werden. Beim vorliegenden Galvanometerscanner mit einem Schleppverzug von 290 µs bei einer Scangeschwindigkeit von 1000 mm/s entspräche dies einer Verschiebung des Leistungsprofils um 290 µm entlang des Scanvektors in negativer Scanrichtung. Um diesem Umstand Rechnung zu tragen und die Anpassungen der Laserleistung an der korrekten Position auf dem Scanvektor umzusetzen, müssen alle Anpassungen der Laserleistung um die Dauer des Schleppverzuges verzögert werden. Dies ist entsprechend bei der Datenaufbereitung zu berücksichtigen. Die Auswirkungen dieser Verschiebung sind allerdings nur für eine dynamische Leistungsanpassung innerhalb eines Scanvektors relevant. Für innerhalb eines Scanvektors konstante Laserleistung hat der zeitliche Versatz keine Auswirkungen.

Zur Überprüfung der berechneten Parameter zur Beschleunigungskompensation werden drei Spuren mit einer Laserleistung von 175 W und einer Scangeschwindigkeit von 1000 mm/s sowie eine Spur mit Variation der Laserleistung innerhalb des Scanvektors (jeweils 175 W und 100 W pro 1 mm) auf ein Substrat aus TiAl6V4 eingebrannt. Als Referenz dient die erste, ohne Verwendung von Skywriting markierte Spur. Die zweite Spur wird mittels Skywriting und Spur 3 und Spur 4 unter Verwendung der neuen Beschleunigungskompensation und mit den zugehörigen Parametern (Tabelle 48) angefertigt. In Bild 49 sind die lichtmikroskopischen Aufnahmen der Spuren dargestellt.

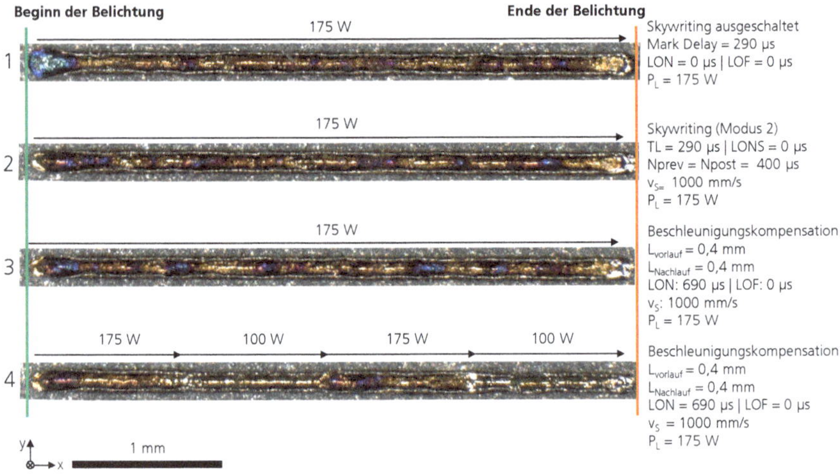

Bild 49: Einbrände auf TiAl6V4 Substrat mit unterschiedlichen Beschleunigungskompensationen

Für alle vier Spuren kann zunächst festgestellt werden, dass jeweils die Soll-Länge von 4 mm bei der Markierung erreicht wird. Bei Betrachtung von Spur 1 wird insbesondere zu Beginn der Spur zunächst die Auswirkung einer nicht verwendeten Beschleunigungskompensation ersichtlich: Auf den ersten ca. 250 µm der Spur ergibt sich eine deutliche Verbreiterung der Schmelzspur sowie eine veränderte Anlauffarbe (silber-blau) der Schmelzspur aufgrund des vergrößerten Energieeintrags in der Beschleunigungsphase. Auch zum Ende der Belichtung kann innerhalb der letzten ca. 150 µm eine geringfügige Verbreiterung der Schmelzspur aufgrund der Beschleunigung der Scannerspiegel beobachtet werden. Durch Verwendung der Beschleunigungskompensationen in Spur 2 (Skywriting) bzw. Spur 3 (neue Beschleunigungskompensation) kann die Verbreiterung der Schmelzspuren zu Beginn und Ende der Belichtung weitgehend vermieden werden. Beim Vergleich zwischen Spur 2 und Spur 3 sind zudem keine Unterschiede in der Spurmorphologie erkennbar. In Spur 4 sind die Segmente der Spur mit jeweils unterschiedlicher Laserleistung (175 W und 100 W) deutlich anhand der durch die Oxidation (Belichtung erfolgt an Atmosphäre) unterschiedlichen Anlauffarben der Spur unterscheidbar. Auch die Position der Leistungsänderung entspricht der Vorgabe.

Insgesamt kann somit die Tauglichkeit der entwickelten Beschleunigungskompensation als Ersatz für das im Rahmen der Arbeit nicht nutzbare RTC5-interne Skywriting nachgewiesen werden.

5.4 Baujobdaten

Das typischerweise zur LPBF-Fertigung mit der im Rahmen dieser Arbeit verwendeten LPBF-Laboranlage genutzte ILT-Dateiformat genügt nicht den Anforderungen der zu entwickelnden adaptiven LPBF-Prozessführung: Der wesentliche Nachteil des ILT-Dateiformats besteht darin, dass keine scanvektorspezifische Zuweisung von Prozessparameter wie bspw. der Laserleistung möglich ist. Die Prozessparameter können nur für globale Bereiche der Schicht, wie z.B. für den gesamten Schraffurbereich, festgelegt werden. Datenformate kommerzieller Anlagenhersteller haben oftmals ähnliche Restriktionen und können zudem durch die seitens der Hersteller nicht bereitgestellten Lese- und Schreibschnittstellen nicht verwendet werden. Aus diesem Grund wird im Rahmen dieser Arbeit das 1FC-(First Time Right Full Control)Datenformat entwickelt. Die wesentlichen Anforderungen an das Datenformat umfassen:

- Direkte Kontrollier- bzw. Ausführbarkeit aller Listenbefehle der RTC5-Steuerkarte
- Direkter Zugriff und nachträgliche Manipulierbarkeit der Schichtdaten auch nach der Datenaufbereitung
- Speicherung mehrerer Bauteile in einem Baujob
- Möglichst speichereffiziente Architektur

Die grundlegende Architektur einer 1FC-Baujobdatei umfasst eine beliebige Anzahl an Bauteilen, Metadaten wie z.B. die verwendeten Prozessparameter sowie eine baujobspezifische Zuordnung der Zustellung der Substratplatte in Abhängigkeit der Baujobschicht zur Umsetzung variabler Schichtstärken (Bild 50).

Bild 50: Schematische Darstellung des Aufbaus des 1FC-Datenformats

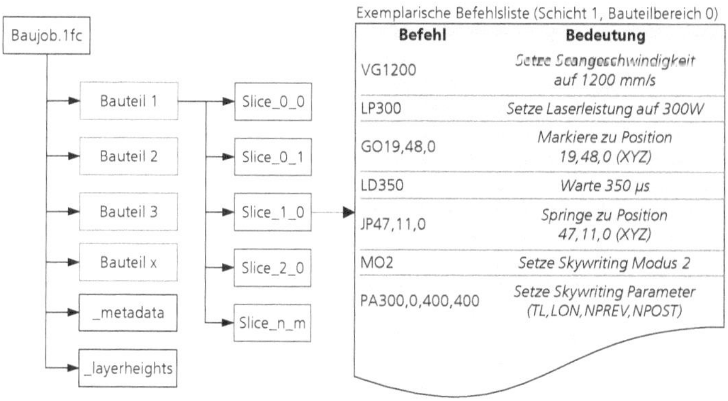

Die enthaltenen Container der Bauteile eines Baujobs bestehen aus schichtspezifischen Befehlslisten (Slice_n_m), wobei für jede Schicht n optional m Befehlslisten gespeichert werden können, die von der LPBF-Anlage nacheinander abgearbeitet werden. Die Befehlslisten sind dabei nicht, wie in typischen LPBF Datenformaten, vektoriell aufgebaut. In diesem Fall würde jeweils ein Scanvektor mit Start- und Endpunkt sowie sämtlichen zugehörigen Prozessparametern wie z.B. Laserleistung oder Scangeschwindigkeit gespeichert werden. Stattdessen entspricht jeder Befehl in einer Befehlsliste des 1FC-Formats direkt einem spezifischen Befehl der RTC5-Steuerkarte. Somit entfällt die Vorverarbeitung von Scanvektordaten auf der LPBF-Anlage, da die Einträge der Befehlslisten direkt in RTC5 Steuerbefehle übersetzt werden können. Zudem wird so eine größtmögliche Speichereffizienz sichergestellt, da z.B. Prozessparameter nur dann in der Liste gespeichert werden, wenn diese geändert werden. Bleibt bspw. die Scangeschwindigkeit über mehrere Scanvektoren hinweg konstant, wird diese nur einmal in der entsprechenden Schichtdatei gespeichert. Dies ist vor allem im Hinblick auf durch die adaptive Prozessführung zu erwartenden, zunehmenden Datenmengen von Vorteil. Baujobs im 1FC-Format werden zur Vergrößerung der Speichereffizienz binär gespeichert. Optional ist zudem eine ASCII-codierte Speicherung möglich, um insbesondere im Laborbetrieb eine nachträgliche Editierung der Befehlslisten durch den Anwender auf dem Anlagensteuerungsrechner zu ermöglichen. Eine Auflistung aller im 1FC-Format umsetzbaren Steuerungsbefehle findet sich im Anhang 12.3.1.

6 Adaptive Prozessführung

6.1 Schmelzspuren im Spurverbund und freie Schmelzspuren

6.1.1 Schmelzspuren im Spurverbund

Scanvektorlängen ab 1,5 mm

In Kapitel 4.1.1 werden lokale Materialüberhöhungen in Bauteilbereichen mit relativ kleinen Repetitionszeiten identifiziert, die aus der Vergrößerung der Schmelzbadbreite bzw. der Überhitzung des Schmelzbads am Spuranfang resultieren. Da die Laserleistung einen wesentlichen Einfluss auf die Schmelzbadbreite und die Schmelzbadtemperatur hat [28, 40], wird im Folgenden eine lokale Anpassung der Laserleistung untersucht, um die Überhitzung des Schmelzbads sowie die Vergrößerung der Schmelzbadbreite zu verhindern und so die Materialüberhöhungen am Spuranfang bzw. im Randbereich des Bauteils zu reduzieren. Dazu wird die Laserleistung ausgehend vom Beginn der Belichtung entlang einer definierten Strecke ausgehend von einer Startlaserleistung entlang unterschiedlicher linearer Laserleistungsprofile auf die Laserleistung des Standardparameters von 250 W vergrößert. In Bild 51 sind die untersuchten Parameterkombinationen und eine schematische Darstellung des eingesetzten Laserleistungsprofils in Abhängigkeit der gescannten Strecke dargestellt.

Bild 51: Untersuchte Prozessparameter zur Anpassung der Laserleistung am Scanvektoranfang (links) und schematische Darstellung des Leistungsprofils (rechts)

$L_{Plateau}$ [mm]	L_{Rampe} [mm]	P_{Start} [W]
0	1	100
0,25	1,25	125
0,5	1,5	150

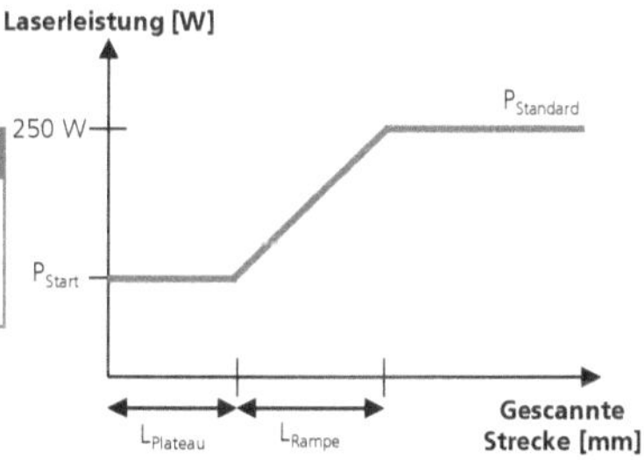

Aus den vorangegangenen Untersuchungen resultiert, dass sich ein quasi-stationärer Zustand mit konstanter Schmelzbadbreite ab einer Scanstrecke von ca. 1,5 mm einstellt. Aus diesem Grund wird die Laserleistungsanpassung ausgehend vom Startpunkt des Scanvektors auf einer Strecke von 1 mm, 1,25 mm und 1,5 mm untersucht. Dabei wird die Leistung, ausgehend von den Startleistungen 100 W, 125 W und 150 W innerhalb der Strecke der Laserleistungsanpassung auf die Laserleistung des Standardparameters (250 W) vergrößert.

Die drei Parameter zur lokalen Laserleistungsanpassung werden vollfaktoriell variiert, sodass sich insgesamt 27 verschiedene Parameterkombinationen ergeben, die in Form von Einzelschichtversuchen analog zu den Versuchen in Kapitel 4.1.1 untersucht werden. In Bild 52 sind die aus den gemittelten Oberflächenprofilen bestimmten Materialüberhöhungen in Abhängigkeit der lokalen Anpassung der Laserleistung sowie als Referenzwert die gemittelte Überhöhung bei Verwendung des Standardprozessparameters dargestellt.

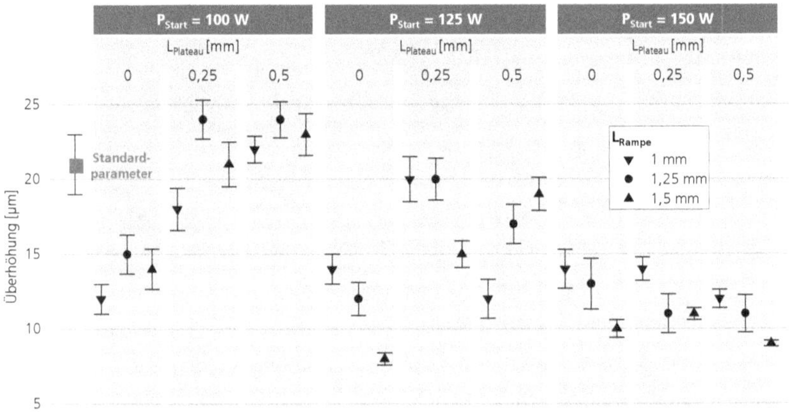

Bild 52: Überhöhungen innerhalb der Schichttopografie in Abhängigkeit der lokalen Anpassung der Laserleistung

Bei Verwendung des Standardparametersatzes und einer konstante Laserleistung ergibt sich eine gemittelte Überhöhung von 22 µm. In Abhängigkeit der gewählten Parameter zur lokalen Leistungsanpassung können die Überhöhungen auf unter 10 µm reduziert werden. Bei einer lokalen Anpassung der Laserleistung wird die größte gemittelte Überhöhung (24 µm) bei einer Startleistung von 100 W mit Plateaulängen von 0,25 mm bzw. 0,5 mm und einer Rampenlänge von 1,25 mm erreicht. Die geringste gemittelte Überhöhung (8 µm) ergibt sich bei einer Startleistung von 125 W, einer Plateaulänge von 0 mm und einer Rampenlänge von 1,5 mm. Im Folgenden werden ausgewählte Prozessparameterkombinationen der drei betrachteten Startleistungen exemplarisch untersucht, indem neben dem Höhenprofil lichtmikroskopische Aufnahmen des resultierenden Spurverbunds dargestellt werden. Die lichtmikroskopischen Aufnahmen zeigen jeweils den Spurwechselbereich in der unteren linken Ecke des Probekörpers am Ende der Belichtung des Spurverbunds.

Bei einer Startleistung von 100 W ergeben sich im Vergleich zu Startleistungen von 125 W bzw. 150 W im Mittel die größten Überhöhungen. Diese überschreiten zum Teil sogar den Wert des Standardparameters. Bei einer Startleistung von

100 W ist zudem eine Vergrößerung der gemittelten Überhöhungen mit Vergrößerung der Länge des Leistungsplateaus zu beobachten. In Bild 53 ist dazu exemplarisch das gemittelte Höhenprofil sowie eine lichtmikroskopische Aufnahme des Spurwechselbereichs der letzten sieben belichteten Spuren für eine Startleistung von 100 W, eine Plateaulänge von 0,5 mm und eine Rampenlänge von 1,5 mm dargestellt.

Bild 53: Gemitteltes Höhenprofil und lichtmikroskopische Aufnahme des Spurwechselbereichs
P_{Start} = 100 W
$L_{Plateau}$ = 0,5 mm
L_{Rampe} = 1,5 mm

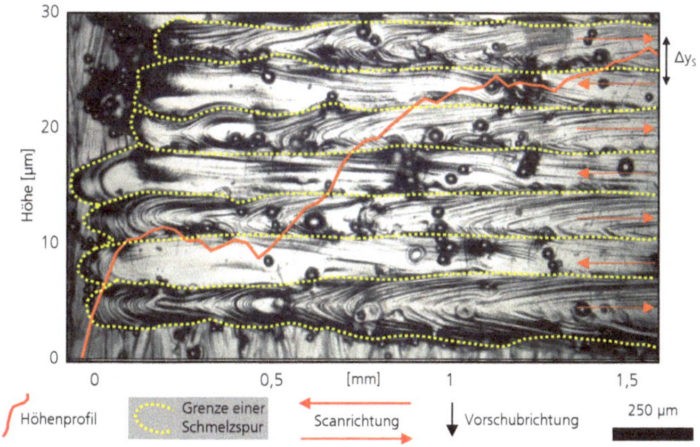

Im Spurwechselbereich ergibt sich ein reduziertes, plateauartiges Höhenprofil mit einer Höhe von ca. 10 µm auf einer Länge von ca. 0,5 mm. Daraufhin steigt das Höhenprofil relativ bis zu einer Höhe von ca. 26 µm nach einer Strecke von 1,5 mm an. Die relativ große gemittelte Überhöhung von 23 µm ergibt sich durch das niedrige Höhenniveau im Randbereich im Verhältnis zur Höhe im Bereich, in dem die Schmelzspur mit maximaler Laserleistung belichtet wird. Am Spuranfang ist die Schmelzspurbreite jeweils relativ gering und es erfolgt teilweise nur eine unvollständige Schmelzspurbildung. Zum Teil bildet sich die Schmelzspur erst verspätet aus, sodass eine inhomogene Außenkontur resultiert. Insgesamt ist bei einer Laserleistung von 100 W in Verbindung mit Leistungsplateaus am Anfang der Spur auch bei einer Vorwärmung durch die zuletzt belichtete Schmelzspur der Energieeintrag offensichtlich zu gering, um eine stabile Schmelzspurformung zu ermöglichen. Wird kein Leistungsplateau, sondern eine direkte Leistungssteigerung nach Beginn der Belichtung in Verbindung mit einer relativ kurzen Rampenlänge (1 mm) verwendet, ergibt sich die geringste mittlere Überhöhung (12 µm) bei einer Startleistung von 100 W (Bild 54).

Bild 54: Gemitteltes Höhenprofil und lichtmikroskopische Aufnahme des Spurwechselbereichs
P_{Start} = 100 W
$L_{Plateau}$ = 0 mm
L_{Rampe} = 1 mm

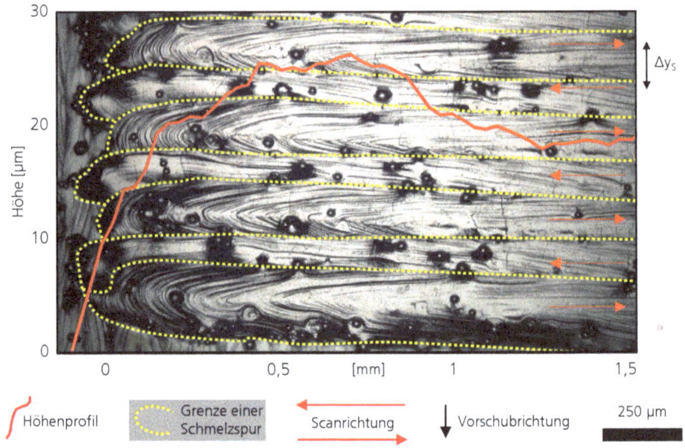

Das Höhenprofil vergrößert sich ab Beginn der Belichtung innerhalb einer Strecke von ca. 0,5 mm auf ein ca. 0,5 mm langes Plateau einer Höhe von ca. 25 µm an und fällt ab einer Strecke von ca. 1 mm wieder auf eine Höhe von ca. 20 µm ab. Beim Vergleich der Spurenden mit dem jeweiligen Anfang der Spuren kann bei nahezu allen Spuranfängen ein leichter Versatz in Scanrichtung beobachtet werden. Offensichtlich ist auch in diesem Fall der Energieeintrag bei einer Startleistung von 100 W zu gering, um eine vollständige Spurformung zu Beginn der Belichtung zu ermöglichen.

Für eine Startleistung von 125 W sind die Überhöhungen für alle Leistungsprofile kleiner als die Überhöhung bei Verwendung des Standardparameters. Wie bei einer Startleistung von 100 W steigen die Überhöhungen jedoch mit einer Vergrößerung der Länge des Leistungsplateaus an, da sich durch den zu geringen Energieeintrag eine unvollständige bzw. instabile Spurformung ergibt und daraus Bereiche mit reduzierter Höhe am Spuranfang resultieren. Bei einer direkten Vergrößerung der Laserleistung ($L_{Plateau}$ = 0 mm) verkleinert sich die Überhöhung mit einer Vergrößerung der Rampenlänge und erreicht das globale Minimum aller Prozessparameter bei einer Rampenlänge von 1,5 mm. In Bild 55 ist das gemittelte Höhenprofil sowie die lichtmikroskopische Aufnahme des Spurwechselbereichs der letzten sieben Spuren dieser Parameterkombination dargestellt.

Bild 55: Gemitteltes Höhenprofil und lichtmikroskopische Aufnahme des Spurwechselbereichs
P_{Start} = 125 W
$L_{Plateau}$ = 0 mm
L_{Rampe} = 1,5 mm

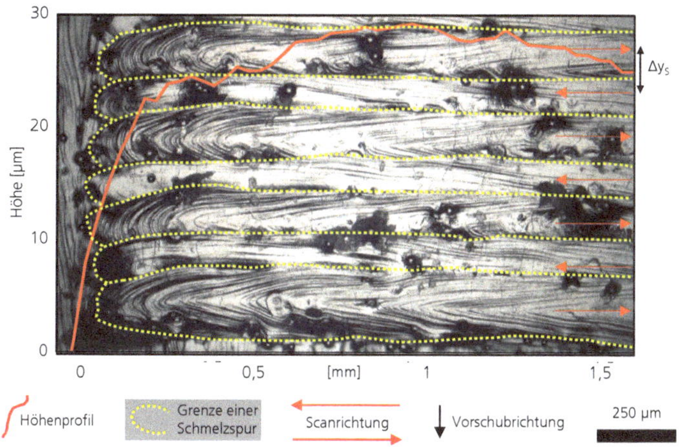

Das Höhenprofil steigt innerhalb von ca. 0,13 mm auf eine Höhe von 22 µm an und schwankt dann im Verlauf der Scanrichtung zwischen 22 µm und 30 µm. Die Spurformung erfolgt stabil: Spurende und Spuranfang befinden sich jeweils auf gleicher X-Position. Die Spuren verfügen über einen konstanten Überlapp, ein übermäßiges Überschmelzen auf die benachbarte Spur erfolgt jedoch nicht.

Für eine Startleistung von 150 W führt eine Vergrößerung der Länge des Leistungsplateaus zu einer Verkleinerung der Überhöhungen. Zudem ergibt sich durch die Vergrößerung der Länge der Leistungsrampe jeweils eine Verkleinerung der Überhöhungen. Bei kurzen Leistungsplateaus und -rampen resultieren aus dem relativ großen Energieeintrag entsprechend größere Überhöhungen im Randbereich. Exemplarisch ist dazu in Bild 56 das Höhenprofil und die lichtmikroskopische Aufnahme des Spurwechselbereichs für eine Rampenlänge von 1 mm ohne Leistungsplateau dargestellt.

Bild 56: Gemitteltes Höhenprofil und lichtmikroskopische Aufnahme des Spurwechselbereichs
P_{Start} = 150 W
$L_{Plateau}$ = 0 mm
L_{Rampe} = 1 mm

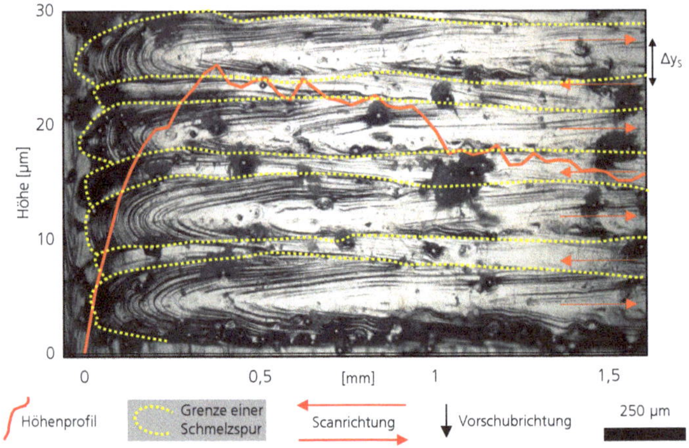

Die Spuren können in einem zusammenhängenden Spurverbund ohne Fehlstellen gefertigt werden. Durch die aufgrund der relativ kurzen Rampenlänge von 1 mm relativ schnelle Vergrößerung der Laserleistung im Verlauf der Belichtung ergibt sich jedoch innerhalb 1 mm gescannter Strecke eine geringfügige Verbreiterung der Schmelzspur. Die Schmelze benetzt verstärkt die benachbarte Spur, sodass sich geringfügige lokale Überhöhungen im Spurwechselbereich einstellen.

Zwischenfazit

Durch eine dynamische Anpassung der Laserleistung zu Beginn der Belichtung kann die Morphologie und insbesondere die Breite der resultierenden Schmelzspur zu Beginn der Belichtung beeinflusst werden. Durch die Kontrolle der Schmelzspurbreite kann das Überschmelzen zu Beginn der Belichtung verhindert werden, sodass eine homogenere Schmelzspurbreite über die gesamte Spur resultiert und die lokalen Überhöhungen im Spurwechselbereich reduziert werden können. Aus einem übermäßig verkleinerten Energieeintrag durch zu kleine Laserleistungen, z.T. in Verbindung mit zu großer Rampen- bzw. Plateaulänge, kann jedoch auch eine unregelmäßige Schmelzspurmorphologie resultieren, die letztlich zu Prozessinstabilitäten und lokaler Porosität im Bauteil führen kann. Die Auswahl des Parameterfensters zur adaptiven Prozessführung im Spurverbund erfolgt somit in den Grenzen zwischen der angestrebten Vermeidung der lokalen Überhöhungen und einer Kontrolle der Schmelzbaddimensionen und der Sicherstellung eines vollständigen Aufschmelzens der Pulverpartikel zur Realisierung eines geschlossenen Spurverbunds. Über alle untersuchten Prozessparameterkombinationen zur dynamischen Leistungsanpassung betrachtet ergeben sich die geringsten Überhöhungen bei einer Startleistung von 125 W ohne Leistungsplateau mit einer Leistungsrampe von 1,5 mm. Gleichzeitig ist bei dieser Prozessparameterkombination die notwendige Bedingung eines vollständigen und gleichmäßigen Überlapps der Schmelzspuren erfüllt, der in [10] als wesentliche Voraussetzung für einen geschlossenen und stabilen Spurverbund und stabilen LPBF-Prozess angeführt wird.

In Bild 57 sind Standbilder von Hochgeschwindigkeitsaufnahmen der Belichtung des Spurwechselbereichs für eine dynamische Leistungsanpassung mit $L_{Plateau}$ = 0 mm, L_{Rampe} = 1,5 mm, P_{Start} = 125 W, analog zu den in Bild 35 dargestellten Aufnahmen unter Verwendung des Standardparametersatzes, dargestellt.

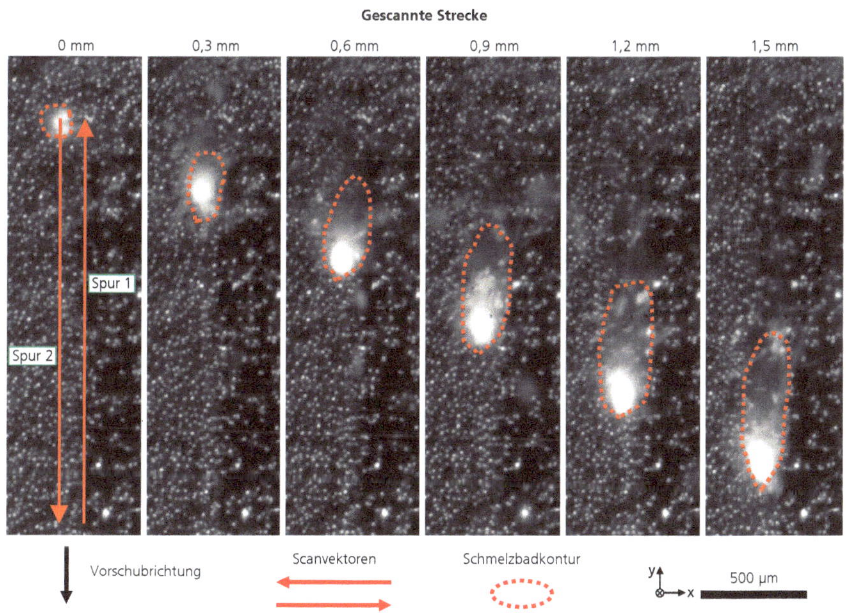

Bild 57: Hochgeschwindigkeitsaufnahmen der Belichtung im Spurwechselbereich mit dynamischer Leistungsanpassung ($L_{Plateau}$ = 0 mm, L_{Rampe} = 1,5 mm, P_{Start} = 125 W)

Durch den Einsatz der adaptiven Prozessführung kann eine übermäßige Vergrößerung der Schmelzbadbreite bzw. eine Ausbreitung des Schmelzbads auf die benachbarte Spur zu Beginn der Belichtung vollständig vermieden werden. Das Schmelzbad bildet sich innerhalb der ersten ca. 0,5 mm bis zu einer über den Zeitraum der Belichtung der Schmelzspur konstanten Schmelzbadbreite von ca.

180 µm aus. Gleichzeitig ist der Energieeintrag mit den identifizierten Prozessparametern groß genug, um ab Beginn der Belichtung eine stabile Ausbildung des Schmelzbads zu realisieren. Die Tauglichkeit der adaptiven Prozessführung durch eine lokale Anpassung der Laserleistung eine Kontrolle der Schmelzbaddimensionen zu ermöglichen kann somit nicht nur bei Betrachtung der erstarrten Spuren, sondern auch während des Prozesses sichergestellt werden.

Scanvektorlängen kleiner 1,5 mm

Der für den Spurwechselbereich für Scanvektorlängen größer 1,5 mm ermittelte Prozessparametersatz zur lokalen Anpassung der Laserleistung ($L_{Plateau}$ = 0 mm, L_{Rampe} = 1,5 mm, P_{Start} = 125 W) wird im Folgenden verwendet, um Probekörper in Einzelschichtversuchen mit rechteckigem Querschnitt mit unterschiedlicher Scanvektorlänge zwischen 0,25 mm und 1 mm zu fertigen. In Bild 58 sind lichtmikroskopische Aufnahmen der Spurverbünde mit einer Breite von 1 mm, 0,5 mm und 0,25 mm jeweils belichtet mit lokaler Anpassung der Laserleistung (rechts) sowie mit dem Standardparameter (links) dargestellt.

Bild 58: Lichtmikroskopische Aufnahmen von Spurverbünden unterschiedlicher Scanvektorlänge mit Standardparametern (links) und lokaler Leistungsanpassung (rechts)

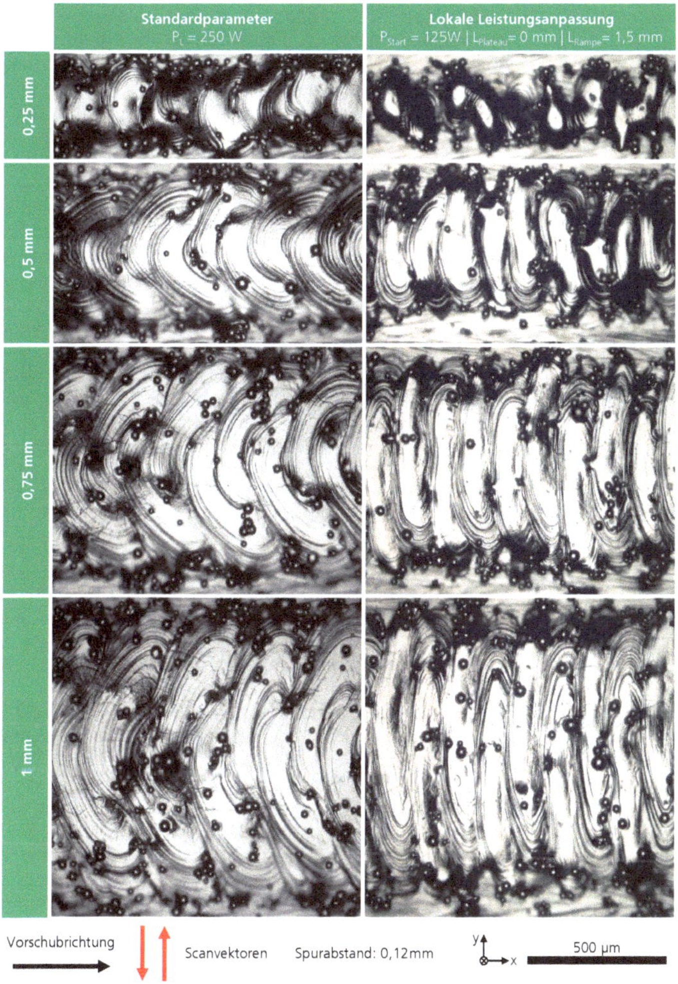

Bei der Fertigung der rechteckigen Querschnitte mit lokaler Leistungsanpassung ergibt sich mit Verkleinerung der Scanvektorlänge ein zunehmend unzusammenhängender Spurverbund: Der Überlapp der einzelnen Spuren erfolgt unterhalb einer Stegbreite von 1 mm nur noch teilweise bzw. bei einer Stegbreite von

0,25 mm zum Teil gar nicht. In diesem Fall bestehen die Schmelzspuren jeweils nur noch aus einzelnen, tropfenförmig erstarrten Schmelzbädern und sind teilweise nur an einem Punkt geringfügig miteinander verbunden. Während bei der Verwendung von Standardparametern mit Verkleinerung der Scanvektorlänge also eine Vergrößerung der Schmelzbadbreite auftritt und die Schmelzbäder sich in Vorschubrichtung zum Teil über mehr als drei Spuren erstrecken, scheint sich im vorliegenden Fall der lokalen Leistungsanpassung ein gegenteiliger Effekt einzustellen.

Ursächlich für diesen Effekt ist, dass bei der Identifikation des Prozessfensters zur lokalen Verkleinerung der Laserleistung bei Scanvektorlängen größer als 1,5 mm der Spurwechselbereich zu Beginn der Belichtung jeweils durch die zuvor mit der maximalen Laserleistung von 250 W belichteten Spur vorgeheizt wird. Die maximale Laserleistung von 250 W wird jedoch bei Verwendung der dynamischen Leistungsanpassung erst nach einer gescannten Strecke von 1,5 mm erreicht. Die hier betrachteten rechteckigen Querschnitte mit Scanvektorlängen kleiner als 1,5 mm werden dagegen nur mit reduzierter Leistung belichtet. Der bei langen Scanvektoren vorhandene Vorheizeffekt durch die zuvor belichtete Spur tritt somit nicht bzw. nur in geringerem Maße auf. Mit Verkleinerung der Scanvektorlänge verkleinert sich auch die maximal erreichte Laserleistung, die jeweils am Ende des Scanvektors erreicht wird und bspw. für eine Scanvektorlänge von 0,25 mm ca. 146 W beträgt. Somit ist die für relativ lange Scanvektoren entwickelte Strategie einer dynamischer Leistungsanpassung für Scanvektoren mit relativ kurzen Scanvektorenlängen nicht direkt auf Scanvektoren mit Scanvektorlängen kleiner 1,5 mm übertragbar, da sich kein geschlossener Spurverbund ergibt.

Zwischenfazit und Lösungsansatz

Um einen geschlossenen Spurverbund im Bereich kurzer Scanvektoren zu realisieren besteht ein möglicher Lösungsansatz darin, die Laserleistung im Vergleich zu den für große Scanvektorlängen ermittelten adaptiven Prozessparametern zu vergrößern, bis die Breite des Schmelzbads ausreicht, um den gewünschten Überlapp zwischen den einzelnen Schmelzspuren und dadurch einen geschlossenen Spurverbund zu erzeugen. Durch die Vergrößerung der Laserleistung ergibt sich allerdings einerseits das Risiko ein mehrere Spuren übergreifendes Schmelzbad zu erzeugen, wie es beim Einsatz des Standardparameters der Fall ist. Andererseits wird in filigranen Bereichen mit relativ kurzen Scanvektoren durch eine Verbreiterung des Schmelzbads auch die lokale Auflösung in Vorschubrichtung verkleinert.

Als alternativer Ansatz wird daher eine dynamische Anpassung des Spurabstands in Betracht gezogen: Die Leistungsanpassung erfolgt entsprechend der für lange Scanvektoren entwickelten Regeln zur dynamischen Leistungsanpassung. Unterhalb einer Scanvektorlänge von 1,5 mm wird der Spurabstand jedoch so verkleinert, dass ein ausreichender Überlapp zwischen den Spuren sichergestellt und ein geschlossener Spurverbund erzeugt werden kann. Zur Überprüfung werden Einzelschichtversuche mit rechteckigen Querschnitten und Scanvektorlängen zwischen 0,25 mm und 1,5 mm mit dynamischer Leistungsanpassung und Spurabständen zwischen 0,06 mm und 0,12 mm durchgeführt In Bild 59 sind lichtmikroskopische Aufnahmen der zugehörigen Probekörper dargestellt.

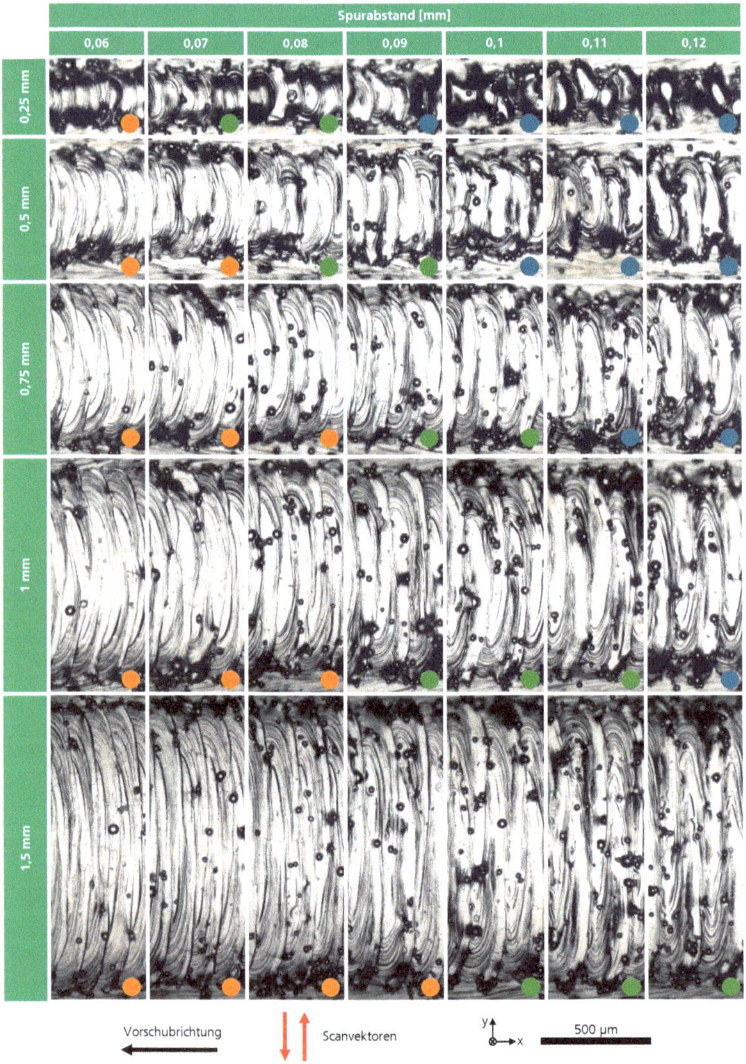

Bild 59 Stegstrukturen mit Leistungsanpassung ($L_{Plateau}$ = 0 mm, L_{Rampe} = 1,5 mm, P_{Start} = 125 W) für unterschiedliche Spurabstände

Entsprechend der in [10] beschriebenen Anforderungen an einen für den LBPF-Prozess tauglichen Spurverbund sowie der im Rahmen dieser Arbeit identifizierten Defizite hinsichtlich der übermäßigen Überlappung der Schmelzspuren wird für jede Scanvektorlänge der Probekörper in Bild 59 ein Spurabstand anhand folgender qualitativer Kriterien ausgewählt (Tabelle 60):

Tabelle 60: Kriterien zur Bewertung der Qualität der rechteckigen Probekörper mit dynamischer Leistungsanpassung und variablem Spurabstand

	Kriterium	Charakteristik bei nicht-Erfüllung
1	Vollständige Überlappung der Spuren über die gesamte belichtete Strecke	Ausbildung von nicht überlappenden Einzelspuren oder Schmelztropfen Nur partielle Überlappung der Spuren
2	Geringes Überschmelzen im Spurwechselbereich und keine Ausbildung eines mehrere Spuren übergreifenden Schmelzbads	Keine einzeln erstarrten Schmelzspuren und Sichelförmig erstarrte Schmelzbadfronten

Die beiden Kriterien repräsentieren dabei die Grenzen, die sich aus einem zu kleinen (Kriterium 1) bzw. zu großen (Kriterium 2) Energieeintrag ergeben. In Bild 59 sind Probekörper, bei denen Kriterium 1 nicht erfüllt wird blau und Probekörper bei denen Kriterium 2 nicht erfüllt wird orange markiert. Die Probekörper mit den jeweils ausgewählten Spurabständen sind in grün markiert. Sofern die Kriterien für mehrere Spurabstände einer Scanvektorlänge erfüllt sind, wird im Hinblick auf eine möglichst große Aufbaurate der jeweils größte Spurabstand ausgewählt. In Bild 61 sind die anhand der Kriterien aus Tabelle 60 ausgewählten Spurabstände in Abhängigkeit der Scanvektorlänge dargestellt.

Bild 61: Spurabstand in Abhängigkeit der Scanvektorlänge bei dynamischer Leistungsanpassung

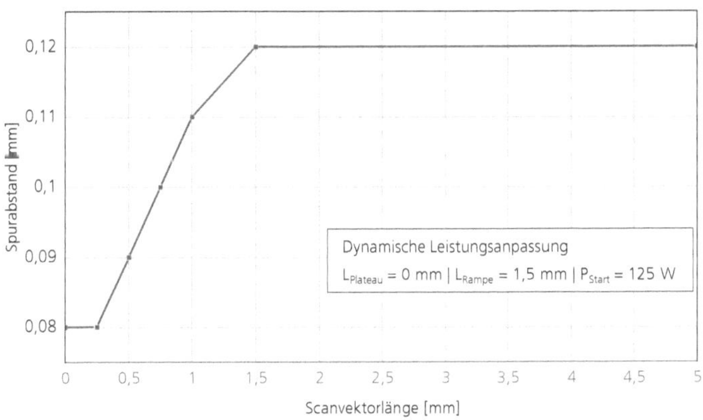

Ausgehend von einem Spurabstand von 0,08 mm für Scanvektorlängen bis 0,25 mm erfolgt ein weitgehend linearer Anstieg des Spurabstands bis zu einem

Spurabstand von 0,12 mm für Scanvektoren mit einer Länge ab 1,5 mm. Zwischenwerte zwischen den Stützstellen werden linear interpoliert. Die Anpassung der Laserleistung erfolgt dabei entsprechend der bekannten Parameter, wobei für relativ kurze Scanvektoren die maximale Laserleistung von 250 W nicht erreicht wird und ein geschlossener Spurverbund durch die lokale Verkleinerung des Spurabstands realisiert wird.

Um die Tauglichkeit der adaptiven Leistungsanpassung in Verbindung mit der neuartigen Scanstrategie mit scanvektorlängenabhängiger Anpassung des Spurabstands zu prüfen, wird ein Probekörper mit dreieckigem Querschnitt mit einer Kantenlänge von 10 mm im Einzelschichtversuch gefertigt. In Bild 62 sind lichtmikroskopische Aufnahmen (Mitte) sowie Standbilder von Hochgeschwindigkeitsaufnahmen (unten) der vorderen Spitzen des dreieckigen Probekörpers dargestellt. Als Vergleichswert finden sich in der linken Hälfte des Bilds die korrespondierenden Aufnahmen bei Verwendung des Standardparametersatzes. Die Standbilder der Hochgeschwindigkeitsaufnahmen zeigen exemplarisch jeweils das Ende der Belichtung der viertletzten Schmelzspur. In der Abbildung sind schematisch die Außenkonturen des Bauteils eingezeichnet. Im Anhang 12.4.2 findet sich zudem die lichtmikroskopische Aufnahme des identischen Probekörpers gefertigt mit adaptiver Anpassung der Laserleistung, jedoch mit konstantem Spurabstand (0,12 mm) ohne scanvektorlängenabhängige Anpassung des Spurabstands. An diesem ergibt sich eine zu den Untersuchungen in Bild 58 analoge Charakteristik eines unvollständigen Überlapps zwischen den einzelnen Spuren aufgrund des nicht adaptiv angepassten Spurabstands.

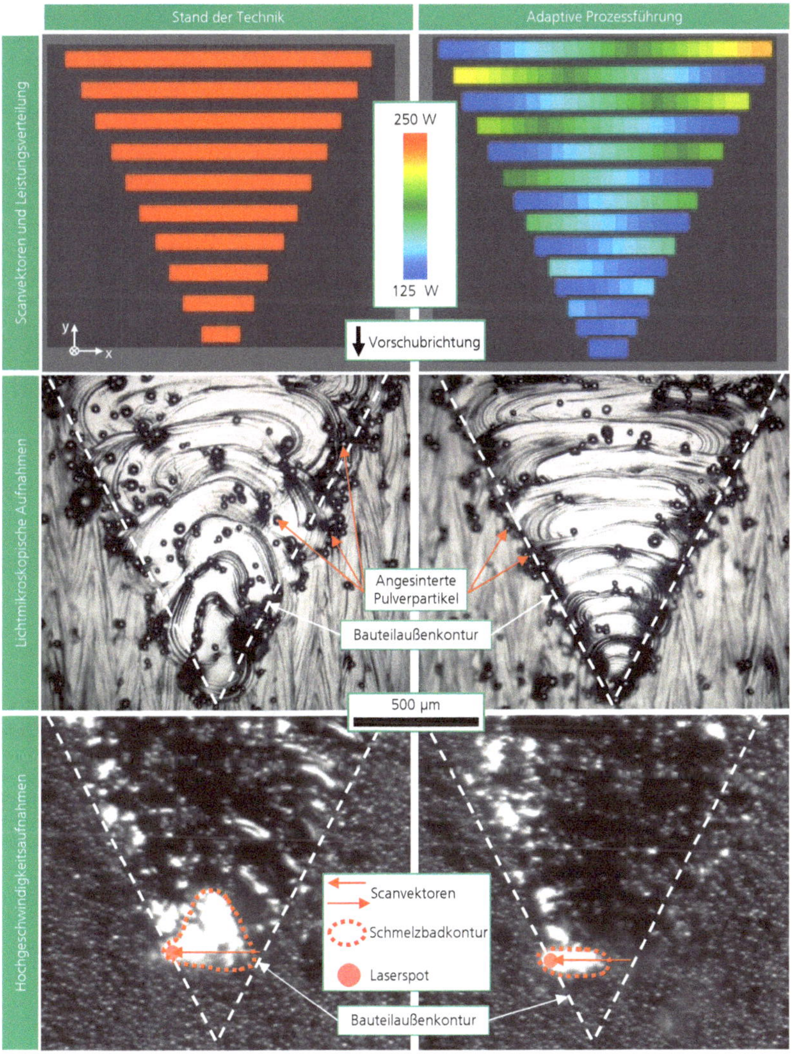

Bild 62: Leistungsverteilung, lichtmikroskopische- und Hochgeschwindigkeitsaufnahme von Dreiecksspitzen gefertigt mit Standardparametersatz sowie mit adaptiver Leistungsanpassung inklusive dynamisch angepasstem Spurabstand

Unter Verwendung des Standardparametersatzes erstarrt das Schmelzbad im Bereich kleiner Scanvektorlängen in Vorschubrichtung zunehmend sichelförmig. Die Breite der letzten Schmelzspur beträgt nach der Erstarrung ca. 420 µm bei einer Schmelzspurlänge von ca. 280 µm. Die Hochgeschwindigkeitsaufnahme der viertletzten Spur zeigt eine korrespondierende Ausbreitung des Schmelzbads entgegen der Vorschubrichtung mit einer Schmelzbadbreite von über 300 µm. Bei Verwendung der lokalen Leistungsanpassung in Verbindung mit einem dynamischen Spurabstand ergibt sich eine, im Vergleich zum Dreieck mit Standardparametern, gleichmäßigere Überlappung der Schmelzspuren ohne ausgeprägte Schmelzbadvergrößerungen entgegen der Vorschubrichtung. Die Schmelzbadbreite zum in der Hochgeschwindigkeitsaufnahme betrachteten Zeitpunkt beträgt ca. 110 µm, sodass bei einem an dieser Position eingestellten Spurabstand von ca. 85 µm eine ausreichende Überlappung zwischen den Schmelzspuren sichergestellt wird. Die Probekörper werden nach der Fertigung bewusst nicht der dem LPBF-Prozess typischerweise nachgelagerten Nachbearbeitung mittels Glasperlenstrahlen unterzogen: Beim Vergleich der Probekörper wird dadurch auffällig, dass sich bei Verwendung des Standardparameters eine größere Anzahl angesinterter Pulverpartikel insbesondere an den Bauteilaußenkonturen befinden als bei Verwendung der adaptiven Prozessführung. Dies ist offenbar ein Nebeneffekt der aufgrund des großen Energieeintrags breiteren Schmelzbäder und größeren Schmelzbadtemperaturen in der Prozesszone. Zudem ergibt sich bei Verwendung des Standardparametersatzes an den Außenkonturen aufgrund der relativ breiten Schmelzbäder eine wellige Außenstruktur. Diese ist bei Verwendung der adaptiven Prozessführung aufgrund der relativ geringen Schmelzbadbreiten nur geringfügig ausgeprägt.

6.1.2 Freie Schmelzspuren

In Kapitel 4.1.2 wird die unregelmäßige Spurformung der ersten Spur im Spurverbund und die daraus resultierende Materialüberhöhung beschrieben. Als ursächlich dafür werden insbesondere das bei der Belichtung von freien Spuren an beiden Spurflanken vorhandene Pulver sowie die verkleinerte Benetzung der Schmelze im Vergleich zu Spuren im Spurverbund identifiziert. Im Folgenden soll geprüft werden, ob mit einer angepassten Prozessführung bei der Belichtung der ersten Spur im Spurverbund der unregelmäßige Spurformung und der lokalen Überhöhung begegnet werden kann.

Bei der Untersuchung von LPBF-gefertigten Einzelspuren wird in der Literatur eine Verkleinerung der Spurhöhe bei einer Vergrößerung der Streckenenergie beschrieben: In [28] wird bspw. durch die Verkleinerung der Scangeschwindigkeit eine Vergrößerung der Schmelzspurbreite sowie eine Verkleinerung der Schmelzspurhöhe bewirkt. In Kapitel 2.1.3 wird der Einfluss der Benetzung auf die Schmelzspurstabilität beschrieben, wobei bei Belichtung einer Einzelspur die Benetzung nur auf dem Substrat bzw. den zuvor gefertigten Bauteilschicht erfolgen kann und im Spurverbund zusätzlich an der benachbarten Spur, was zu einer

Vergrößerung der Stabilität des Schmelzbads führt. Aus diesen Voruntersuchungen werden zwei Strategien abgeleitet, die bei der Belichtung der ersten Spur des Spurverbunds untersucht werden und in Bild 63 dargestellt sind.

Bild 63: Strategien zur Belichtung der freien Schmelzspur innerhalb des Spurverbunds durch Vergrößerung der Streckenenergie (1) und Anpassung der Scanreihenfolge (2)

1 Vergrößerung der Streckenenergie	
Scangeschwindigkeit (P_L = 250 W)	Laserleistung (v_S = 1000 mm/s)
600 mm/s 200 mm/s	300 W 350 W

2 Anpassung der Scanreihenfolge
Spurversatz Δy_{KS}
0,02 mm 0,06 mm

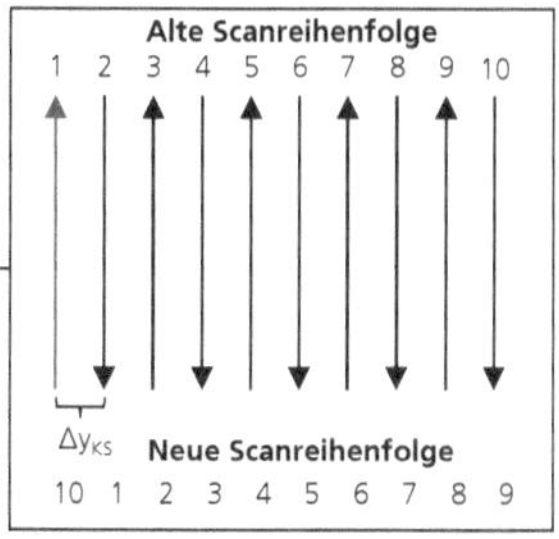

1. Vergrößerung der Streckenenergie durch Verkleinerung der Scangeschwindigkeit bei einer Laserleistung von 250 W sowie durch eine Vergrößerung der Laserleistung bei einer Scangeschwindigkeit von 1000 mm/s.

2. Anpassung der Scanreihenfolge zur Veränderung der Benetzungsbedingungen: Die Belichtung beginnt mit der zweiten Spur des Spurverbunds und die vormals erste (freie) Spur wird als letztes belichtet, wie in der Skizze in Bild 63 (rechts) dargestellt. Dabei wird der Versatz Δy_{KS} zwischen der ersten (Spur 1 in Bild 63) und letzten gescannten Spur (Spur 10) variiert. Scangeschwindigkeit und Laserleistung entsprechen den Werten des Standardparametersatzes.

In Bild 64 sind die gemittelten Höhenprofile in Vorschubrichtung für die in Einzelspurversuchen analog zu Kapitel 4.1 untersuchten Strategien zur Belichtung der freien Schmelzspuren aus Bild 63 sowie für die Belichtung mit Standardparametersatz dargestellt.

Bild 64: Gemitteltes Höhenprofil in Vorschubrichtung unter Verwendung des Standardparametersatzes und der für freie Schmelzspuren angepassten Belichtungsstrategien

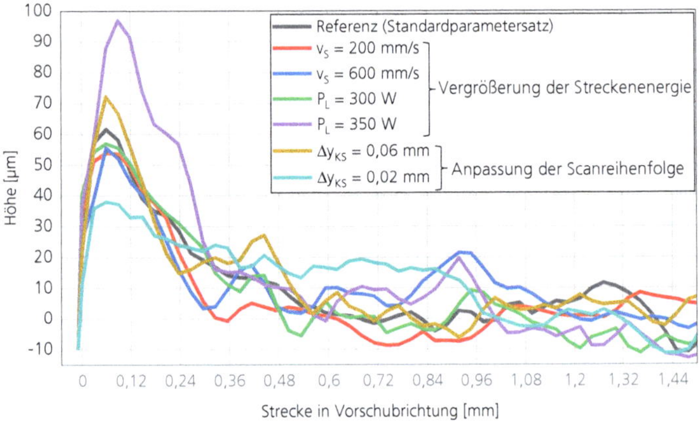

Für alle untersuchten Strategien ergibt sich eine maximale Überhöhung nach einer Strecke in Vorschubrichtung zwischen ca. 0,05 mm und 0,09 mm. Die Position liegt somit jeweils in der Mitte der ersten Schmelzspur. Die größte Überhöhung (95 µm) ergibt sich bei einer vergrößerten Streckenenergie und einer Laserleistung von 350 W, die kleinste Überhöhung (37 µm) bei einer Anpassung der Scanreihenfolge mit einem Abstand Δy_{KS} von 0,02 mm. Bei Verwendung des Standardparametersatzes ergibt sich eine maximale Überhöhung von ca. 62 µm.

Durch eine Vergrößerung der Streckenenergie kann die Überhöhung zu Beginn der Belichtung im Vergleich zum Standardparameter nur in einem relativ geringen Maße verkleinert werden. Für eine Laserleistung von 350 W ist die Überhöhung sogar größer als bei Verwendung des Standardparametersatzes. Eine Anpassung der Scanstrategie ist hinsichtlich der Reduzierung der Überhöhungen am effektivsten, wobei die Wahl des Abstands Δy_{KS} die Überhöhung beeinflusst. Ein zu großer Abstand (0,06 mm) resultiert in einer unzureichenden Anbindung der zuletzt gescannten Spur und letztlich in einer Überhöhung. Für einen Abstand von 0,02 kann die Überhöhung ausgehend vom Standardparameter um 40 % verkleinert werden. Durch die Anpassung der Benetzungsbedingungen ergibt sich offenbar eine flachere Charakteristik der Schmelzspur.

In Bild 65 sind zur weiteren Untersuchung die zugehörigen lichtmikroskopischen Aufnahmen der ersten Spuren des Spurverbunds dargestellt.

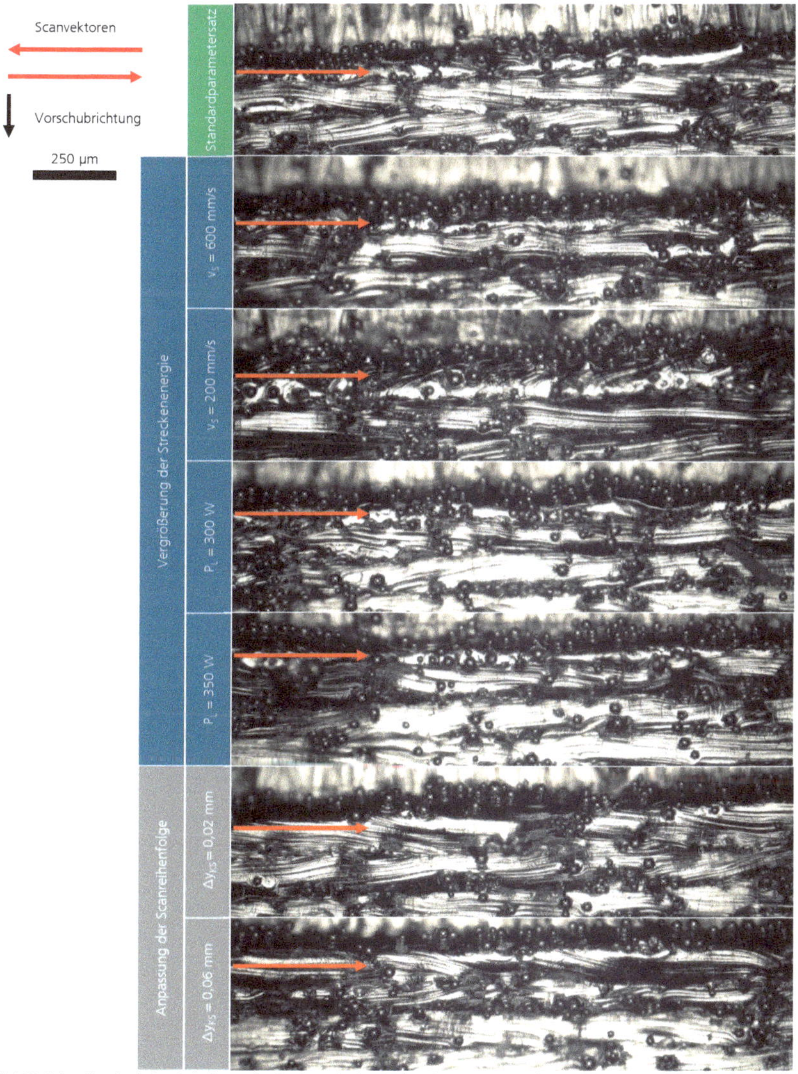

Bild 65: Lichtmikroskopische Aufnahmen des Beginns des Spurverbunds unter Verwendung angepasster Belichtungsstrategien

Neben den unterschiedlichen Höhenprofilen ergeben sich auch Unterschiede hinsichtlich der Morphologie des Spurverbunds in Abhängigkeit der verwendeten Strategie zur Belichtung der freien Schmelzspur. Aus der Verkleinerung der Scangeschwindigkeit auf 200 mm/s resultiert eine Verbreiterung der freien Schmelzspur auf über 200 µm im Vergleich zu einer Breite der Einzelspur mit Standardparametern von ca. 130 µm (vgl. Anhang 12.4.2). Die Menge angesinterter Partikel an der Flanke der ersten Spur ist relativ groß und die Charakteristik der Spurformung deutet auf einen zu großen Energieeintrag hin. Die zweite Schmelzspur scheint aufgrund der Breite der ersten Spur auf dieser aufzuliegen und der Grund für die in Bild 64 ersichtliche relativ große Ausdehnung der Überhöhung in Vorschubrichtung zu sein. Eine Vergrößerung der Laserleistung hat keinen signifikanten Einfluss auf die Morphologie im Randbereich im Vergleich zum Standardprozessparameter. Durch die Anpassung der Scanstrategie ergibt sich im Vergleich zum Standardprozessparameter eine gleichmäßigere Spurflanke. Zudem nimmt in diesem Fall die Anzahl angesinterter Pulverpartikel nicht zu. Bedeutsam ist jedoch die Festlegung des Abstands Δy_{KS}: Bei einem zu großen Abstand (Δy_{KS} = 0,06 mm) überlappt die zuletzt gescannte Spur die erste Spur nicht mehr ausreichend, sodass die Benetzung verkleinert wird und sich eine Überhöhung einstellt.

Insgesamt ergibt sich für die Strategie der Anpassung der Scanreihenfolge mit einem Abstand der zuletzt gescannten Spur Δy_{KS} von 0,02 mm die geringste Überhöhung sowie eine homogenere Ausprägung der Morphologie im Spurverbund im Vergleich zum Referenzprozess. Die Überhöhung kann dabei um ca. 40 % von 62 µm (Standardparametersatz) auf 37 µm verkleinert werden. Eine vollständige Vermeidung der Überhöhung wird mit den untersuchten Strategien jedoch nicht erreicht. Auch bei der Anpassung der Scanreihenfolge wird die erste Spur mit Standardparametern belichtet, sodass eine entsprechende Überhöhung resultiert. Dadurch, dass die erste Spur durch die verwendete Scanstrategie beidseitig nochmals angeschmolzen wird, kann die Überhöhung zwar reduziert, aber nicht vollständig vermieden werden.

6.2 Überhangstrukturen

In Kapitel 4.2 wird gezeigt, dass unter Verwendung der konventionellen LPBF-Prozessführung Probekörper mit einem Überhangwinkel von 40° stützenfrei gefertigt werden können. Für Probekörper mit einem Überhangwinkel kleiner 40° ist aufgrund der eintretenden lokalen plastischen Verformung (Verzug) als Folge von Eigenspannungen im Bauteil keine stützenfreie Fertigung möglich.

Als ursächlich für Eigenspannungen bei Schweißprozessen gelten insbesondere inhomogene Temperaturverteilungen innerhalb des Bauteils. In der direkten Umgebung der Prozesszone ergeben sich höhere Temperaturen als in prozessfernen Bereichen. Die prozessnahen Bereiche werden stärker gedehnt, dabei jedoch von den kälteren Bereichen in der Ausdehnung behindert. Resultat sind Eigenspannungen im Bauteil, aus denen Verzug resultiert [70]. Beim LPBF wird das Bauteil in der Prozesszone lokal mindestens bis zur Schmelztemperatur erhitzt und kühlt dann durch Selbstabschreckung sehr schnell (Abkühlraten der Schmelze zwischen 10^6 K/s und 10^7 K/s [96]) ab. Dabei ergibt sich beim LPBF-Prozess ein Temperaturgradient zwischen den einzelnen Bauteilschichten. Die Belichtung einer einzelnen Bauteilschicht frei ins Pulver erfolgt verzugsfrei, da die Schicht in Ausdehnung und Stauchung nicht behindert wird. Im Verbund mehrerer Schichten wird die Stauchung beim Abkühlen der aktuellen Bauteilschicht durch das darunterliegende feste Material jedoch behindert, sodass letztendlich Verzug resultiert [72]. Aus der Schweißtechnik ist darüber hinaus bekannt, dass bei dünnen Bauteilen aufgrund der geringen Steifigkeit verstärkt Verzug auftritt [70]. Übertragen auf den LPBF-Prozess kann dieser Zusammenhang bei der Fertigung von Twincantilevern bestätigt werden, da mit einer Verkleinerung der Dicke des Deckbalkens der Twincantilever der Verzug zunimmt [59, 65, 72].

In der Schweißtechnik wird mit sogenannten Reduktionsverfahren den beschriebenen verzugsfördernden Mechanismen entgegengewirkt. Die Reduktionsverfahren werden dabei in thermische und mechanische Verfahren unterteilt. [70] Die mechanischen Reduktionsverfahren (z.B. Kugelstrahlen, Vibrationsentspannen, Vorspannen des Bauteils) sind hinsichtlich einer Übertragung auf das LPBF-Verfahren nicht praktikabel. Unter den thermischen Reduktionsverfahren ist insbesondere das Vorwärmen für den LPBF-Prozess relevant und wird teilweise bereits durch Weiterentwicklung der LPBF-Anlagentechnik eingesetzt: Globales Vorwärmen, umgesetzt durch eine beheizbare Substratplatte, zählt bereits zum Stand der Technik und ist in kommerziellen LPBF-Anlagen verfügbar [97]. Eine ausreichende Vorheizung zur Verkleinerung des Verzugs bei freien Überhängen wird durch eine globale Substratplattenvorheizung jedoch nicht erreicht [72]. Konzepte zur Umsetzung einer lokalen Vorwärmung beim LPBF, bspw. durch Heizmodule wie z.B. Oberflächenemitter, sind Gegenstand der Forschung [98], wobei sich für derartige Konzepte in der Literatur noch keine Untersuchungen zur Fertigung von Überhangprobekörpern finden. Unabhängig von der technischen Umsetzung ist die Zielsetzung des Vorwärmens jeweils eine Verkleinerung des Temperaturgradienten im Bauteil, um den aus der inhomogenen Erwärmung resultierenden Eigenspannungen und damit dem Verzug entgegenzuwirken. In der Schweißtechnik wird diese Reduktionsverfahren auch als thermisches Homogenisieren bezeichnet [70].

Basierend auf den beschriebenen verzugsfördernden bzw. -reduzierenden Mechanismen werden im Folgenden LPBF-spezifische Reduktionsverfahren abgeleitet. Im Sinne der Zielsetzung dieser Arbeit und der adaptiven Prozessführung wird dabei keine Veränderung der Anlagentechnik (z.B. durch Heizmodule oder eine Veränderung der Pulverauftragseinheit), sondern ausschließlich eine Anpassung der LBPF-Prozessparameter bzw. -Bearbeitungsstrategien vorgenommen:

1. Vergrößerung der Steifigkeit (Kapitel 6.2.1): Beim LPBF sind die Fügepartner, zwischen denen sich Verzug einstellt, die aufeinanderfolgenden Bauteilschichten. Um die Steifigkeit der Fügepartner zu vergrößern und damit den Verzug zu reduzieren, wird eine Vergrößerung der Schichtstärke untersucht.

2. Thermisches Homogenisieren (Kapitel 6.2.2): Durch eine Anpassung der LPBF-Prozessparameter und -Bearbeitungsstrategien soll eine Homogenisierung des Temperaturfelds in der Nähe der Prozesszone erreicht werden. Durch die resultierende Verkleinerung des Temperaturgradienten im Überhangbereich sollen die Eigenspannungen reduziert und damit die Ausbildung von Verzug vermieden werden.

3. Kombination der Reduktionsverfahren (Kapitel 6.2.3): Bei der Vergrößerung der Steifigkeit wird angestrebt die Ausprägung des Verzugs zu verhindern. Beim thermischen Homogenisieren wird angestrebt bereits im Vorfeld die Bildung von Eigenspannungen als den für die Bildung des Verzugs treibenden Faktor zu verhindern. Da die Zielsetzungen beider Reduktionsverfahren somit voneinander unabhängige Ansätze beschreiben, wird zusätzlich die Wirksamkeit der Kombination der beiden Reduktionsverfahren untersucht.

In Bild 66 ist das Vorgehen zur Entwicklung von Strategien zur Fertigung von Überhangstrukturen mit Überhangwinkeln kleiner 40° unter Verwendung der beiden Reduktionsverfahren dargestellt. Die Versuche und Ergebnisse werden im Einzelnen in den folgenden Kapiteln erläutert.

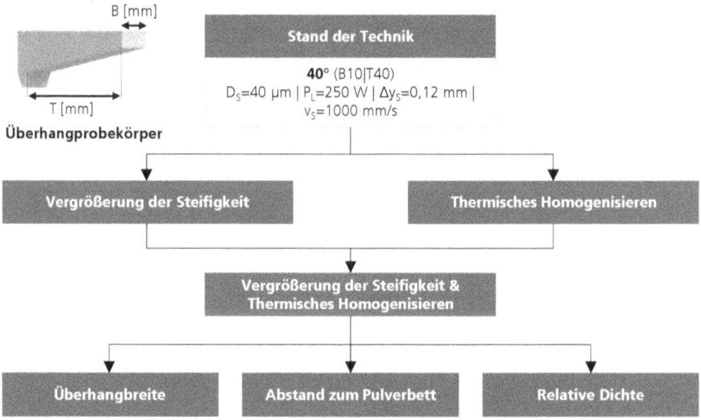

Bild 66: Vorgehen zur Entwicklung von Strategien zur Fertigung von Überhangstrukturen

Ausgehend vom Stand der Technik werden zunächst die beiden Reduktionsverfahren (Vergrößerung der Steifigkeit und Thermisches Homogenisieren) untersucht. Basierend auf den Ergebnissen erfolgt daraufhin die Kombination beider Reduktionsverfahren. Die Zielsetzung der Versuche besteht in der grundsätzliche Baubarkeit der Überhangprobekörper. Etwaige Einschränkungen wie bspw. eine Verkleinerung der relativen Dichte aufgrund der für den LPBF-Prozess untypischen Prozessparameter werden dabei zunächst nicht betrachtet.

In der folgenden Versuchsreihe wird die maximal fertigbare Breite des Überhangprobekörpers, der Abstand zum Pulverbett in Aufbaurichtung in dem eine Anpassung der Prozessparameter im Überhang notwendig ist sowie die im Überhangbereich erzielbare relative Dichte ermittelt.

Die Auswertung erfolgt durch die Aufnahme von CMOS-Bildern der Prozesszone und die anschließende Ermittlung des Flächenvergleichsmaß (FVM, vgl. Kapitel 3.6) als Kenngröße für den Verzug. Als Probekörper wird der bekannte Überhangprobekörper (vgl. Kapitel 4.2) verwendet. Sofern nicht anders angegeben beträgt die Breite des Probekörpers 10 mm und die Länge des Probekörpers 40 mm.

6.2.1 Vergrößerung der Steifigkeit

Voruntersuchungen

Die Steifigkeit beschreibt den Widerstand eines Körpers gegen elastische Verformung. Je größer die Steifigkeit eines Körpers ist, desto größer kann die Belastung des Körpers ausfallen, bis die Fließgrenze des Werkstoffs erreicht ist und sich

Verzug einstellt. [99] Zur Übertragung dieser grundlegenden Zusammenhänge aus der Festigkeitslehre auf den LPBF-Prozess wird im Folgenden ein stark vereinfachtes Modell bestehend aus zwei mittels LPBF gefertigten Bauteilschichten im Überhang betrachtet (Bild 67).

Bild 67: Vereinfachtes Modell zur Fertigung von Überhangstrukturen

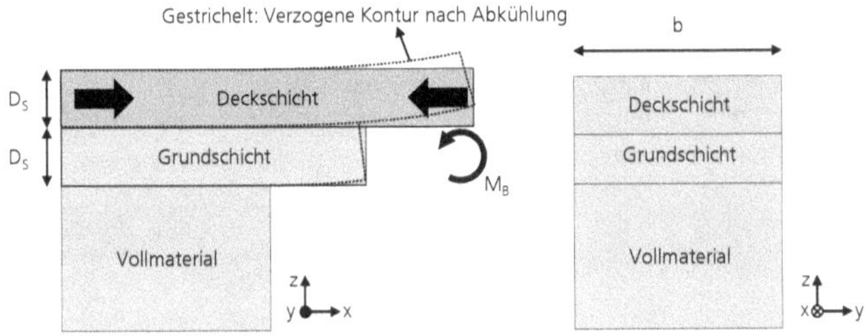

Die untere Schicht wird dabei als Grundschicht und die darüberliegende Schicht als Deckschicht bezeichnet. Die Schichten werden als einseitig eingespannter Biegebalken modelliert. Die Einspannung entspricht der Anbindung an das Vollmaterial des Bauteils. Aus [72] ist bekannt, dass die Fertigung einer einzelne, an Vollmaterial angebundenen Schicht (in diesem Fall der Grundschicht) direkt ins Pulverbett verzugsfrei möglich ist. Der Bauteilverzug ergibt sich erst mit Fertigung einer weiteren Schicht (in diesem Fall der Deckschicht), da nach der Belichtung bei Abkühlung die Stauchung der Deckschicht durch die Grundschicht behindert wird und sich so Verzug einstellt. Im Modell wird dieser Effekt durch ein an der Grundschicht angreifendes Biegemoment M_B modelliert. Diesem Biegemoment entgegen wirkt die sogenannte Biegesteifigkeit als Produkt aus dem werkstoffspezifischen Elastizitätsmodul E und dem Flächenträgheitsmoment I. Für den hier modellhaft verwendeten Balkenquerschnitt ergibt sich das Flächenträgheitsmoment bei Biegung um die Y-Achse zu [99]

6.1

$$I_y = \frac{b * h^3}{12}$$

Bezogen auf die LPBF-Fertigung entspricht die Höhe des Balkens h dabei der Schichtstärke D_S. Für die Biegesteifigkeit folgt mit dem E-Modul von TiAl6V4 (110 GPa [83]) und der Breite des Überhangprobekörpers b = 10 mm:

6.2

$$B = E * I_y = 110 * 10^3 * \frac{10 * {D_S}^3}{12}\ [Nmm^2]$$

In Bild 68 ist die Biegesteifigkeit in Abhängigkeit der Schichtstärke für eine Balkenbreite von b = 10 mm aufgetragen.

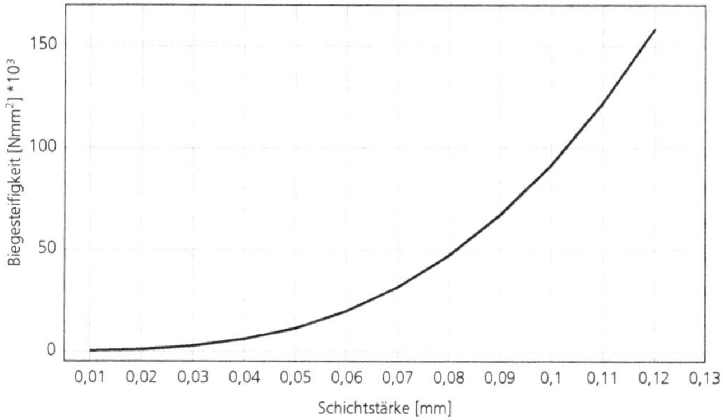

Bild 68: Biegesteifigkeit in Abhängigkeit von der Schichtstärke

Die Biegesteifigkeit steigt mit zunehmender Schichtstärke mit der dritten Potenz an. Eine Vergrößerung der Schichtstärke ausgehend vom Standardparametersatz mit einer Schichtstärke von 0,04 mm auf 0,08 mm resultiert bspw. in einer Vergrößerung der Biegesteifigkeit um den Faktor acht. Das aufgestellte Modell am Beispiel eines einseitig eingespannten Biegebalkens mit fundamentalen Zusammenhängen aus der technischen Mechanik stellt eine Vereinfachung der Problemstellung dar und berücksichtigt insbesondere nicht die komplexen thermophysikalischen Vorgänge des LPBF-Prozesses mit schicht- bzw. vektorweisen Aufheiz- und Abkühlzyklen innerhalb des Bauteils und die resultierenden Auswirkungen auf die inneren Spannungen und den Bauteilverzug. Das Modell dient jedoch zur Veranschaulichung der grundlegenden Mechanismen bei der Vergrößerung der Steifigkeit und zur Motivation der folgenden Untersuchungen der Vergrößerung der Schichtstärke, um die Steifigkeit der Überhangstruktur zu vergrößern, dem Verzug entgegenzuwirken und eine Verkleinerung des kritischen Überhangwinkels zu ermöglichen.

Vergrößerung der Schichtstärke

Der Überhangprobekörper wird mit Überhangwinkeln von 20°,15° und 10° mit Schichtstärken von 80 µm und 120 µm gefertigt. Abgesehen von der vergrößerten Schichtstärke wird zur Fertigung der Probekörper der Standardparametersatz mit einer Laserleistung von 250 W und jeweils zusätzlich mit einer aufgrund der vergrößerten Schichtstärke auf 300 W vergrößerten Laserleistung verwendet. Die Belichtung erfolgt mit der Scanstrategie des Standardparameters (vgl. Bild 40). In Bild 69 ist der Verzug (FVM) in Abhängigkeit der Länge des Überhangs dargestellt.

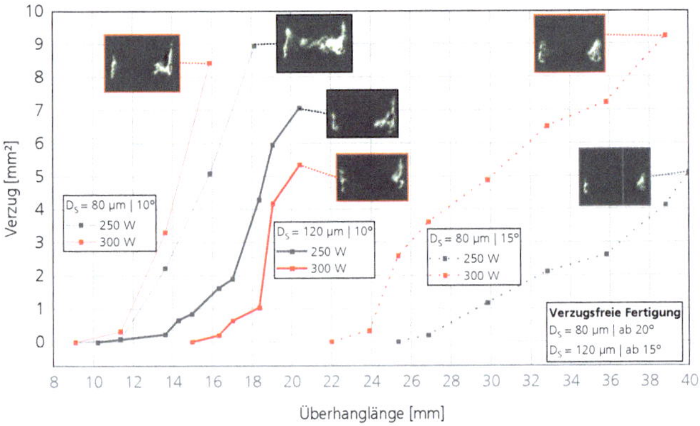

Bild 69: FVM in Abhängigkeit der Überhanglänge bei Vergrößerung der Steifigkeit durch Vergrößerung der Schichtstärke auf 80 µm und 120 µm

Durch eine Vergrößerung der Steifigkeit, umgesetzt durch eine Vergrößerung der Schichtstärke, können die Überhangprobekörper mit einer Überhanglänge von 40 mm ab einem Winkel von 15° bei einer Schichtstärke von 120 µm bzw. ab einem Überhangwinkel von 20° bei einer Schichtstärke von 80 µm unabhängig von der Laserleistung verzugsfrei gefertigt werden. Der Überhangprobekörper mit einem Überhangwinkel von 15° kann mit einer Schichtstärke von 80 µm zwar über die gesamte Überhanglänge von 40 mm gefertigt werden, allerdings tritt im Randbereich der Probe Verzug auf, sodass eine prozesssichere Fertigung nicht möglich ist. Der Bauvorgang der übrigen Probekörper mit geringeren Überhangwinkeln muss aufgrund von Verzug jeweils ab einer bestimmten Überhanglänge abgebrochen werden. Der größte Verzug stellt sich dabei bei Überhangprobekörpern mit einem Winkel von 10° und einer Schichtstärke von 80 µm bereits ab einer Überhanglänge von 9 mm ein.

Für Überhangwinkel von 10° und 15° bei Schichtstärken von 80 µm ist der Verzug für die Laserleistung von 300 W jeweils größer als für eine Laserleistung von 250 W. Für den Überhangwinkel von 10° ergibt sich für eine Laserleistung von 300 W ein geringerer Verzug. Für Schichtstärken von 80 µm ist eine Laserleistung von 300 W offenbar zu groß und resultiert in einer Überhitzung, die zu verstärkten Verwerfungen im Bauteil führen. Bei einer Schichtstärke von 120 µm ergibt sich dagegen für eine Laserleistung von 300 W jeweils ein geringerer Verzug als für eine Laserleistung von 250 W. Durch die vergrößerte Schichtstärke wird offenbar mehr Energie benötigt, um eine vollständige und stabile Anbindung der Schichten sicherzustellen. Möglicherweise ist die Anbindung zwischen den Schichten für eine Schichtstärke von 120 µm bei einer Laserleistung von 250 W nicht groß genug, um einen stabilen Spurverbund zu realisieren, sodass verstärkter Verzug resultiert. Zudem besteht die Möglichkeit, dass sich durch eine auf

300 W vergrößerte Laserleistung eine homogenere Temperaturverteilung im Bereich der Prozesszone ergibt, während sich bei einem geringeren Energieeintrag und einer Laserleistung von 250 W größere thermische Gradienten ergeben, die vermehrt innere Spannungen im Bauteil erzeugen, aus dem sich Verzug ausbildet.

In Bild 70 sind Lichtbilder der gefertigten Probekörper mit Überhangwinkeln von 20° (gefertigt mit einer Schichtstärke von 80 µm und einer Laserleistung von 250 W) und 15° (gefertigt mit einer Schichtstärke von 120 µm und einer Laserleistung von 300 W) mit einer Überhanglänge von 40 mm und einer Überhangbreite von 10 mm dargestellt.

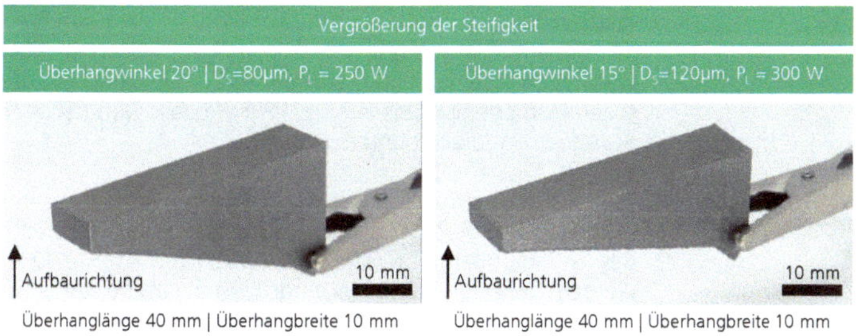

Bild 70: Überhangprobekörper gefertigt mit Vergrößerung der Steifigkeit Überhangwinkel: 20° P_L=250 W D_S = 80 µm und Überhangwinkel: 15° P_L=300 W D_S = 120 µm

Eine Vergrößerung der Steifigkeit, umgesetzt durch eine Vergrößerung der Schichtstärke, scheint somit tauglich zu sein, um den kritischen Überhangwinkel für die verzugsfreie Fertigung von Probekörpern auf bis zu 15° zu reduzieren.

Ein wesentlicher Vorteil des Ansatzes besteht zudem in der einfachen Umsetzbarkeit: Eine Vergrößerung der Schichtstärke ist mit jeder verfügbaren LPBF-Datenaufbereitungssoftware ohne zusätzliche Anpassungen in den Algorithmen zur Generierung der Scanvektoren möglich.

6.2.2 Thermisches Homogenisieren

Voruntersuchungen

Zielsetzung des thermischen Homogenisierens ist eine Verkleinerung des thermischen Gradienten in der Nähe der Prozesszone zur Verkleinerung von Eigenspannungen. Bereits bei der Beschreibung des Stabilitätsverhaltens im Spurverbund (Kapitel 2.1.3) wird gezeigt, dass thermodynamische Beschreibungsgrößen wie die Volumenenergiedichte nur eine begrenzte Aussagekraft zur Beurteilung der Prozessstabilität haben [28]. Eine ähnliche Vermutung ergibt sich auch für die aus der Literatur bekannten Angaben zur Fertigung von Überhangprobekörpern (Kapitel 2.2.2): Insbesondere im Hinblick auf die beschriebenen Wirkmechanismen zur Verzugsbildung (Temperaturverteilung bzw. Temperaturgradienten im

Bauteil) wird deutlich, dass neben des Energieeintrags auch die zeitliche und örtliche Abfolge der Belichtung einen wesentlichen Einfluss auf das Prozessergebnis hat. Ebenso wird aus den Voruntersuchungen (Kapitel 4.2) deutlich, dass eine Verkleinerung des Energieeintrags (in diesem Fall durch eine Verkleinerung der Laserleistung) nicht zwangsläufig zu einer Verkleinerung des Bauteilverzugs führt. So wird z.B. die Vergrößerung der Scangeschwindigkeit aufgrund des dadurch verkleinerten Energieeintrags als förderlich für die Fertigung von Überhangstrukturen beschrieben [69, 74]. Durch die Vergrößerung der Scangeschwindigkeit wird allerdings auch die Repetitionszeit verkleinert. Durch die schnellere Wiederkehr des Laserstrahls entlang der gescannten Strecke kann gleichzeitig die Abkühlung entlang der gescannten Strecke reduziert werden und so die resultierende Temperaturverteilung im Überhangbereich homogenisiert werden. Bei einer Verkleinerung der Laserleistung verändert sich die Repetitionszeit dagegen nicht, sodass eine Homogenisierung der Temperaturverteilung in gleichem Maße nicht zu erwarten ist. Zur Übertragung des Prinzips des thermischen Homogenisierens auf den LPBF-Prozess wird daher eine Vergrößerung der Scangeschwindigkeit untersucht.

Zur Prüfung der Tauglichkeit des Ansatzes wird die Auswirkung einer Vergrößerung der Scangeschwindigkeit zunächst mittels Simulation untersucht: Neben des Standardparametersatzes (P_L = 250 W, Δy_S = 0,12 mm, v_S = 1000 mm/s) werden, bei einer auf 400 W vergrößerten Laserleistung, Scangeschwindigkeiten von 2000 mm/s, 4000 mm/s und 6000 mm/s bei einem jeweils reduzierten Spurabstand simuliert. Entsprechend ergibt sich für jede Simulation auch eine unterschiedliche Anzahl belichteter Spuren. Simuliert wird die Belichtung auf Substraten aus TiAl6V4 mit den Abmessungen 7*12*5 mm³. Die Schmelzspuren sind 10 mm lang und die Anzahl der Spuren wird je nach Spurabstand so gewählt, dass in Vorschubrichtung 5 mm belichtet werden. Der umgeschmolzene Bereich liegt zentriert auf dem Substrat. Die Scanrichtung der Scanvektoren verläuft vektorweise abwechselnd in positiver bzw. negativer Y-Richtung (mäanderförmig), die Vorschubrichtung entspricht der positiven X-Richtung. In Bild 71 sind die Ergebnisse der Simulationen in Form von Falschfarbenbildern in Draufsicht dargestellt. Die Darstellung erfolgt zu dem Zeitpunkt, an dem die Belichtung des jeweils letzten Scanvektors zur Hälfte abgeschlossen ist. In den Bildern sind jeweils die Außenkonturen des belichteten Bereichs und die resultierende Temperaturverteilung in der XY-Ebene dargestellt. Zudem ist die Länge des Temperaturfelds in Vorschubrichtung mit Temperaturen von mindestens 500°C eingezeichnet.

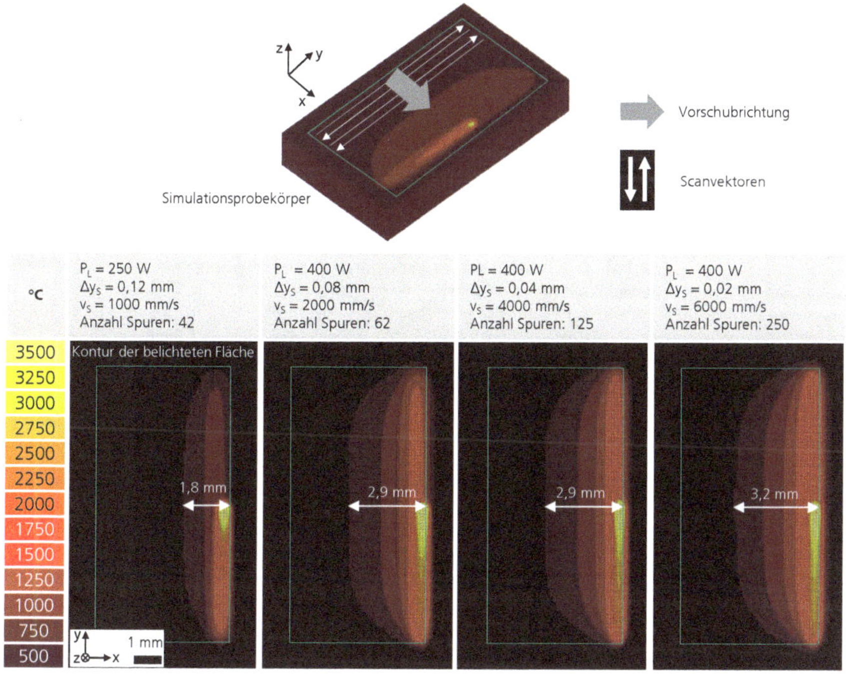

Bild 71: Falschfarbenbild des Ergebnisses der thermisch-transiente FEM-Simulation der Belichtung von TiAl6V4 Substrat unter Variation der Scangeschwindigkeit (Draufsicht)

In [72] wird durch eine Aufheizung der Substratplatte auf 500°C eine signifikante Verkleinerung des Verzugs bei der Fertigung von Twincantilevern aus TiAl6V4 nachgewiesen, sodass diese Temperatur zunächst als Grenzwert bei der Bewertung der Temperaturfelder in Bild 71 angenommen wird: Die Ausdehnung des Temperaturfeld für Temperaturen ab 500°C in Vorschubrichtung steigt ausgehend von ca. 1,8 mm für den Standardparameter bis auf ca. 3,2 mm für eine Scangeschwindigkeit von 6000 mm/s. Bereits ab einer Scangeschwindigkeit von 2000 mm/s entspricht die Ausdehnung des Temperaturfelds in Scanrichtung der Scanvektorlänge von ca. 10 mm. Mit Vergrößerung des Temperaturfelds steigt auch die mittlere Temperatur in der Umgebung der Prozesszone an. Insgesamt ergibt sich der gewünschte lokale Vorwärmeffekt in der Umgebung der Prozesszone durch eine Vergrößerung der Scangeschwindigkeit. Mit ansteigender Scangeschwindigkeit kann ebenfalls eine Verlängerung des Schmelzbads und eine Verkleinerung der Schmelzbadbreite beobachtet werden. Wie in Kapitel 2.1.3

erläutert, kann dieser Umstand allerdings auch zu einer zunehmenden Instabilität führen, da das Plateau-Rayleigh Kriterium zunehmend erfüllt wird. Insbesondere durch eine Kombination großer Laserleistungen mit großen Scangeschwindigkeiten ergeben sich Instabilitäten aufgrund einer Zunahme der Marangoni Konvektion innerhalb des Schmelzbads, sodass Instabilitäten bzw. Balling begünstigt werden [28].

Durch die Voruntersuchung mittels Simulation kann die grundsätzliche Wirksamkeit des gewählten Ansatzes durch eine Vergrößerung der Scangeschwindigkeit in Verbindung mit einer Verkleinerung des Spurabstands die Temperaturverteilung zu homogenisieren und die Temperaturgradienten zu verkleinern bestätigt werden. Gleichzeitig ergibt sich durch die Simulation keine Aussage über die Tauglichkeit der veränderten Temperaturverteilung zur Verkleinerung des Verzugs bei der Fertigung von Überhangstrukturen. Diese muss ebenso experimentell überprüft werden, wie die Auswirkungen der möglicherweise instabileren Prozessbedingungen durch die für das LPBF-Verfahren untypische Kombination aus einer relativ großen Scangeschwindigkeit mit großen Laserleistungen und relativ kleinen Spurabständen.

Die Zielsetzung der Vergrößerung der Scangeschwindigkeit besteht darin, die Repetitionszeit der Scanvektoren im Überhang zu verkleinern, um so die lokalen Abkühlzeiten entlang der Schmelzspuren zu verringern und dadurch ein homogenere Temperaturverteilung zu erzeugen. Aus diesem Grund wird angestrebt, die technisch maximal mögliche Scangeschwindigkeit einzusetzen. Diese beträgt für das im Rahmen dieser Arbeit verwendete Scannersystem 4500 mm/s. Dabei ist nicht der Galvanometerscanner, sondern die dynamische Fokussiereinheit die begrenzende Komponente: Bei einer weiteren Vergrößerung der Scangeschwindigkeit würde die Flachfeldkorrektur nicht mehr ordnungsgemäß ausgeführt, sodass sich der Durchmesser des Laserspots in der Bearbeitungsebene während des Scanvorgangs unkontrolliert verändern würde. Zudem wird zunächst die korrekte Umsetzung der Scangeschwindigkeit sichergestellt, indem die Abstände von Einbränden vermessen werden, die mit gepulst-modulierter Laserstrahlung angefertigt werden (vgl. Anhang 12.4.5).

Da Scangeschwindigkeiten größer 2000 mm/s typischerweise keine Anwendung beim LPBF finden, kann nicht auf Erfahrungswerte für die Wahl von Spurabstand und Laserleistung zurückgegriffen werden. Eine Abschätzung über Kennzahlen wie die Volumenenergiedichte ist ebenfalls nicht zielführend (vgl. Kapitel 2.1.3). Daher werden im Rahmen von Vorversuchen zunächst für eine Scangeschwindigkeit von 4500 mm/s Spurabstände zwischen 0,04 mm und 0,01 mm und Laserleistungen zwischen 150 W und 400 W qualitativ untersucht, um ein Parameterfenster zu identifizieren, welches für die Fertigung von Überhangprobekörpern genutzt wird (Anhang 12.4.4). Aus den Vorversuchen resultiert, dass ein geschlossener Spurverbund mit homogener Oberflächentopografie ohne Balling für Spurabstände von 0,01 mm und 0,02 mm bei Laserleistungen von 200 W bis

400 W erreicht wird. Dieser Parameterbereich wird dementsprechend in den folgenden Versuchen bei der Fertigung von Überhangprobekörpern untersucht.

Fertigung von Überhangprobekörpern mit Spurabständen von 0,01 mm und 0,02 mm mit einer Scangeschwindigkeit von 4500 mm/s

Die Untersuchungen zum thermischen Homogenisieren werden mit Überhangprobekörpern mit einem Überhangwinkel von 10° durchgeführt. Durch den relativ kleinen Überhangwinkel soll eine möglichst große Sensitivität im Hinblick auf den Verzug der Überhangprobekörper erreicht werden. In Bild 72 ist der Verzug (FVM) in Abhängigkeit der Überhanglänge für alle Parametersätze mit einem Spurabstand von 0,01 mm dargestellt. Zudem sind jeweils Lichtbilder der Probekörper aus der Prozesszone nach dem Pulverauftrag in der letzten gefertigten Bauteilschicht (vor Abbruch des jeweiligen Bauprozesses) dargestellt.

Bild 72: FVM in Abhängigkeit der Überhanglänge Überhangwinkel: 10° D_S = 40 µm v_S = 4500 mm/s Δy_S = 0,01 mm

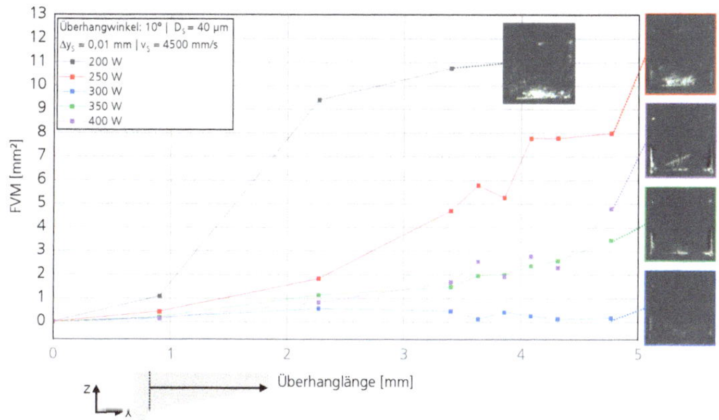

Mit einem Spurabstand von 0,01 mm kann unabhängig von der Laserleistung kein Probekörper mit einem Überhangwinkel von 10° und einer Überhanglänge von 40 mm erfolgreich gefertigt werden. Die Fertigung sämtlicher Probekörper muss jeweils nach einer Überhanglänge von weniger als 5 mm aufgrund von starkem Verzug abgebrochen werden. Für eine Laserleistung von 200 W wird der Bauprozess bereits nach ca. 3,4 mm abgebrochen. Für Laserleistungen von 250 W bis 400 W wird der Bauprozess bei einer Überhanglänge von 4,8 mm abgebrochen. Der über alle Überhanglängen hinweg geringste Verzug tritt bei einer Laserleistung von 300 W, der größte Verzug bei einer Laserleistung von 200 W auf.

Beim Vergleich der Probekörper ergeben sich unterschiedliche Ausprägungen des Verzugs in Abhängigkeit der Laserleistung bzw. des Energieeintrags: Bei relativ geringen Leistungen von 200 W und 250 W tritt der Verzug vor allem in der Mitte des Überhangs auf und ähnelt in der Charakteristik den Verzügen bei relativ geringen Laserleistungen und Verwendung des Downskinparametersatz aus den Vorversuchen in Kapitel 4.2. Mit zunehmender Laserleistung verkleinert sich der Verzug in der Mitte des Überhangbereichs und stattdessen tritt ein verstärktes Heraufwölben der Kanten im Bauteilrandbereich auf. Obwohl der Verzug für die Laserleistungen zwischen 300 W und 400 W in Bezug auf das FVM betraglich relativ gering ausfällt, müssen die Bauvorgänge dieser Probekörper durch das Heraufwölben der Außenkanten der Probekörper bereits nach einer Überhanglänge von 4,8 mm abgebrochen werden. Als ursächlich für die Überhöhungen im Randbereich werden ähnliche Effekte angenommen, die bereits bei den Versuchen im Spurverbund in Kapitel 4.1.1 beobachtet werden: Durch die Kombination des verhältnismäßig geringen Spurabstands mit relativ hohen Laserleistungen ergibt sich eine lokale Überhitzung im Randbereich bzw. Spurwechselbereich des Bauteils. In diesem Zusammenhang ist anzumerken, dass die Abkühlzeit zwischen Ende und Anfang der Belichtung der Scanvektoren ausschließlich aus Skywriting Pause und Sprungvorgang besteht. Die relativ hohe Scangeschwindigkeit hat in diesem Fall keinen Einfluss, sodass insbesondere am Scanvektoranfang eine relativ große Schmelzbadtemperatur zu erwarten ist. Daraus resultieren offensichtlich die lokalen Materialüberhöhung bzw. das Heraufwölben der Bauteilkanten. In Bild 73 ist der Verzug (FVM) in Abhängigkeit der Überhanglänge für einen Spurabstand von 0,02 mm für Laserleistungen zwischen 200 W und 400 W dargestellt.

Bild 73: FVM in Abhängigkeit der Überhanglänge
Überhangwinkel: 10°
D_S = 40 µm
v_S = 4500 mm/s
Δy_S = 0,02 mm

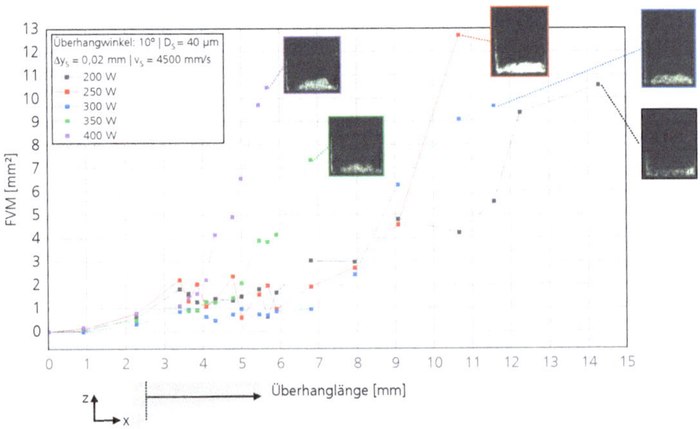

Mit einem Spurabstand von 0,02 mm kann für keine der untersuchten Laserleistungen ein Probekörper mit einem Überhangwinkel von 10° und einer Überhanglänge von 40 mm erfolgreich gefertigt werden. Für Laserleistungen ab 300 W wölben sich die Kanten des Probekörpers herauf, was zu einem Abbruch des Bauvorgangs führt. Für Laserleistungen von 200 W und 250 W ergibt sich ein geringfügiger Verzug im Randbereich und zudem Verzug im mittleren Bereich des Überhangs. Dabei tritt der geringste Verzug bei einer Laserleistung von 200 W auf.

Beim thermischen Homogenisieren mit Spurabständen von 0,01 mm und 0,02 mm tritt ab Laserleistungen von ca. 300 W ein verstärktes Heraufwölben im Spurwechselbereich auf, welches in allen Fällen zu einem Abbruch des Bauvorgangs führt und auf lokal vergrößerte Temperaturen und Prozessinstabilitäten im Spurwechselbereich zurückgeführt werden kann. Entsprechend werden diese Laserleistungen im Folgenden nicht weiter untersucht. Für Laserleistungen von 200 W und 250 W ist der Verzug bei einem Spurabstand von 0,01 mm bei gleicher Überhanglänge jeweils größer als bei einem Spurabstand von 0,02 mm. Offensichtlich stellt sich aufgrund der geringeren Vorschubgeschwindigkeit bei einem Spurabstand von 0,01 mm ein im Hinblick auf eine Vermeidung von Verzug ungünstigeres Temperaturprofil ein. Ein Spurabstand von 0,01 mm scheint sowohl aufgrund des Heraufwölbens der Kanten im Außenbereich des Probekörpers als auch aufgrund des Verzugs im mittleren Bereich des Probekörpers nicht geeignet für die verzugsfreie Fertigung von Überhangprobekörpern zu sein.

In einem weiteren Versuch wird der Prozessparametersatz mit einem Spurabstand von 0,02 mm in Verbindung mit einer Laserleistung von 200 W verwendet, um Probekörper mit Überhangwinkeln von 15° und 20° zu fertigen. In Bild 74 sind Lichtbilder dieser Probekörper dargestellt.

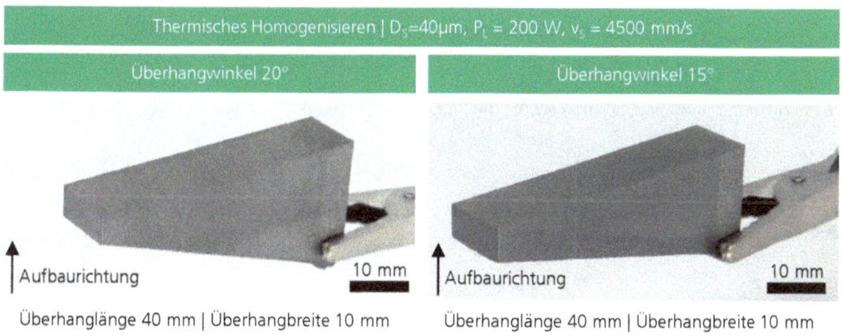

Bild 74: Überhangprobekörper mit Überhangwinkeln von 15° und 20° gefertigt mit thermischem Homogenisieren
P_L = 200 W
D_S = 40 µm
v_S = 4500 mm/s
Δy_S = 0,02 mm

Durch das thermische Homogenisieren, umgesetzt durch eine Vergrößerung der Scangeschwindigkeit in Verbindung mit einer Verkleinerung des Spurabstands, kann der kritische Überhangwinkel für die verzugsfreie Fertigung von Probekörpern auf bis zu 15° reduziert werden. Eine wesentliche Herausforderung besteht dabei in der Identifikation eines möglichst stabilen Prozessfensters, da die Bearbeitungsstrategie aufgrund der Kombination eines relativ kleinen Spurabstands mit relativ großen Laserleistungen eine Sensitivität für Überhitzungen und Materialüberhöhungen im Spurwechselbereich zeigt.

6.2.3 Kombination der Vergrößerung der Steifigkeit mit dem thermischen Homogenisieren

Im Folgenden wird untersucht, ob durch eine Kombination der Reduktionsverfahren Vergrößerung der Steifigkeit und thermisches Homogenisieren der Überhanggrenzwinkel von 15° weiter reduziert werden kann. Dazu wird das thermische Homogenisieren mit einer vergrößerten Schichtstärke eingesetzt. Da bei einer Schichtstärke von 120 µm in Verbindung mit geringen Überhangwinkeln der Treppenstufeneffekt relativ stark ausgeprägt ist, wird die Vergrößerung der Steifigkeit mit einer Schichtstärke von 80 µm angewendet. Die Prozessparameter für das thermische Homogenisieren werden entsprechend der Ergebnisse aus 6.2.2 festgelegt. Da in den vorangegangenen Untersuchungen zu beiden Reduktionsverfahren eine relativ große Sensitivität auf den Energieeintrag erkennbar ist, werden im Rahmen der Versuche unterschiedliche Laserleistungen zwischen 200 W und 275 W untersucht. Um dabei eine möglichst große Sensitivität hinsichtlich des Verzugs zu erreichen, werden die Überhangprobekörper zunächst mit einem Überhangwinkel von 5° gefertigt. In Bild 75 ist des FVM in Abhängigkeit der Überhanglänge für die vier untersuchten Prozessparametersätze bzw. Laserleistungen dargestellt.

Bild 75: FVM in Abhängigkeit der Überhanglänge Überhangwinkel:5° D_S = 80 µm v_S = 4500 mm/s Δy_S = 0,02 mm

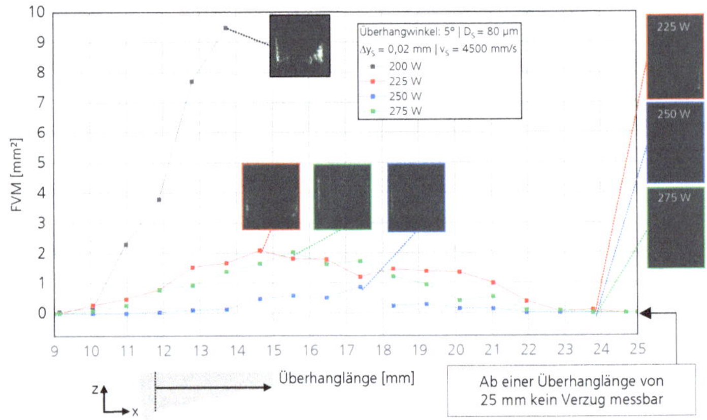

Ab einer Überhanglänge von 9 mm bildet sich für alle gefertigten Überhangprobekörper Verzug aus. Der Verzug für eine Laserleistung von 200 W steigt bis zu

einer Überhanglänge von ca. 13,5 mm so stark an, dass der Bauprozess des zugehörigen Probekörpers abgebrochen werden muss. Der Verzug tritt flächig auf, ausgehend von den Bauteilkanten in Richtung der Mitte des Überhangbereichs. Probekörper mit Laserleistungen ab 225 W können vollständig mit einer Länge von 40 mm gefertigt werden. Allerdings tritt für alle drei Probekörper während des Bauprozesses Verzug auf: Für eine Laserleistung von 225 W ist dieser durchschnittlich am größten und tritt sowohl im Bereich der seitlichen Außenkanten des Probekörpers als auch zum Teil flächig in Richtung der Mitte des Überhangbereichs auf. Für Laserleistungen von 250 W und 275 W tritt Verzug ausschließlich im Bereich der Außenkanten auf, wobei der Verzug bei einer Laserleistung von 275 W jeweils größer ist als bei einer Laserleistung von 250 W.

In Verbindung mit einer Schichtstärke von 80 µm ist eine Laserleistung von 200 W offensichtlich zu gering, um einen stabilen Schichtverbund sowie ein ausreichendes Temperaturfeld zur Verzugsreduktion auszubilden, worauf insbesondere der flächig ausgebildete Verzug hindeutet. Der Prozessparametersatz mit einer Laserleistung von 225 W befindet sich in einem Übergangsbereich, da durch die Vergrößerung der Laserleistung nur noch ein geringfügiger flächiger Verzug auftritt und sich dieser größtenteils im Bereich der Außenkanten des Probekörpers befindet. Für Laserleistungen von 250 W und 275 W bildet sich der Verzug ausschließlich im Bereich der Bauteilaußenkanten. Obwohl dieser im Vergleich zu den Versuchen mit einer Schichtstärke von 40 µm vergleichsweise gering ausgeprägt ist, scheint sich mit Vergrößerung der Laserleistung wieder der bereits beim thermischen Homogenisieren beschriebene Effekt des Heraufwölbens der Bauteilkanten aufgrund lokaler Temperaturmaxima im Spurwechselbereich (vgl. Kapitel 6.2.2) zu ergeben. Offensichtlich ergibt sich bei der Fertigung der Probekörper unter Verwendung des thermischen Homogenisierens stets ein Spannungsfeld zwischen der Vermeidung von flächigem Verzug und dem Heraufwölben der Bauteilkanten.

Einfluss der Inter-Layer-Time

Bei Betrachtung des Verlaufs der FVM über die Überhanglänge in Bild 75 fällt auf, dass sich der Verzug für Laserleistungen ab 225 W bei einer Überhanglänge von ca. 9 mm ausbildet, daraufhin für jeden Probekörper jeweils ein (nicht zum Prozessabbruch führendes) Maximum erreicht, sich daraufhin jedoch wieder verkleinert und ab einer Überhanglänge von ca. 25 mm nicht mehr vorhanden ist. Da sich der Verzug der Bauteile nur im Bereich der Außenkanten einstellt, ergibt sich die Vermutung, dass dieser Effekt mit der bereits beschriebenen Überhitzung der Bauteilkanten in Zusammenhang steht und dementsprechend temperaturgetrieben ist. Da sich die Abkühlzeiten zwischen den einzelnen Scanvektoren bei mäanderförmiger Belichtung nicht ändern, kann somit die Abkühlzeit zwischen den einzelnen Schichten einen Einfluss auf den Verzug haben: Mit Vergrößerung der Überhanglänge vergrößert sich auch die für die Belichtung jeder Schicht benötigte Zeitdauer. Werden im Rahmen der Untersuchungen Probekörper aus dem Bauprozess entfernt (wie bspw. der Probekörper mit einer Laserleistung von 200 W in Bild 75) wird die Belichtungszeit wiederum reduziert.

Die Zeitdauer zwischen der Belichtung zweier Schichten eines Bauteils wird als Inter-Layer-Time bezeichnet. In [81] ist bspw. bereits ein Einfluss der Inter-Layer-Time auf die Bauteileigenschaften (z.B. Gefüge) und den Prozess (z.B. Schmelzbadtiefe) beim LPBF nachgewiesen. Im Folgenden wird daher in einem Vergleichsversuch der Einfluss der Inter-Layer-Time auf den Bauteilverzug bei der Fertigung von Überhangprobekörpern untersucht. Dazu wird der Überhangprobekörper mit einem Überhangwinkel von 5° und einer Überhanglänge von 40 mm in zwei separaten Baujobs mit dem Prozessparameter aus Bild 75 mit einer Laserleistung von 250 W gefertigt. In jedem Baujob wird dabei nur ein einzelner Probekörper gefertigt: Für den ersten Baujob ergibt sich jeweils die minimale Inter-Layer-Time, da hier ausschließlich die Dauer des Pulverauftrags von ca. 10 s zwischen den Belichtungsvorgängen liegt. Im zweiten Baujob wird nach jeder Belichtung zusätzlich eine Pausenzeit von 40 s eingefügt, sodass sich eine Inter-Layer-Time von ca. 50 s ergibt. In Bild 76 ist der Verzug (FVM) in Abhängigkeit der Überhanglänge für beide Baujobs dargestellt.

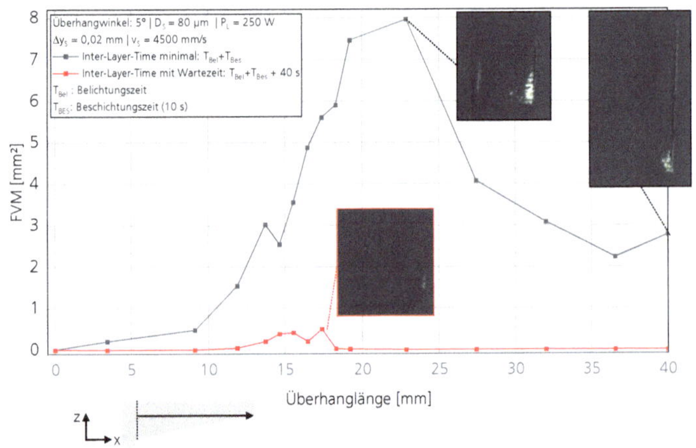

Bild 76: Verzug in Abhängigkeit der Überhanglänge und der Inter-Layer-Time Überhangwinkel: 5° D_S = 80 µm v_S = 4500 mm/s Δy_S = 0,02 mm P_L = 250 W

Beide Probekörper können über die gesamte Überhanglänge gefertigt werden, ohne dass der Bauprozess aufgrund von übermäßigem Verzug abgebrochen werden muss. Für beide Probekörper stellt sich während der Fertigung Verzug ein, wobei der Verzug für eine minimale Inter-Layer-Time signifikant größer ausfällt als für eine Inter-Layer-Time mit zusätzlicher Wartezeit. Für die minimale Inter-Layer-Time stellt sich der Verzug bereits ab einer Überhanglänge von ca.

3 mm ein, während sich für die Inter-Layer-Time mit Wartezeit erst ab einer Überhanglänge von mehr als 10 mm Verzug einstellt. Zudem ergibt sich für beide Probekörper jeweils ein Verzugsmaximum, von dem aus das FVM mit zunehmender Überhanglänge wieder in einen degressiven Verlauf übergeht.

Die Inter-Layer-Time hat offenbar einen signifikanten Einfluss auf die Baubarkeit bzw. den Verzug von Überhängen mit relativ kleinen Überhangwinkeln. Da sich der Verzug für die minimale ILT vor allem im Bereich der Bauteilkanten ergibt, ist anzunehmen, dass insbesondere die Überhitzungen im Spurwechselbereich durch die reduzierte Abkühlzeit zu den instabilen Prozessbedingungen beitragen: Neben den bereits in Kapitel 4.1.1 für den Spurverbund beschriebenen Materialüberhöhungen resultierend aus lokaler Überhitzung und einer Vergrößerung des Schmelzbads, kommt im Bereich der Überhänge zudem der aus der inhomogenen Temperaturverteilung resultierende Verzug hinzu. Bemerkenswert ist zudem, dass für alle in Bild 76 dargestellten CMOS-Bilder der Bauteile der Verzug jeweils an der im Bild rechten und im Prozess dem Beschichter zugewandten Bauteilkante stärker ausgeprägt ist. Der aus den bereits beschriebenen thermischen Bedingungen resultierende Verzug wird somit durch den Kontakt mit dem Beschichterwerkzeug an dieser Kante verstärkt.

In Bild 77 sind abschließend drei Probekörper mit Überhangwinkeln von 20°,15° und 10° mit einer Überhanglänge von 40 mm sowie ein Probekörper mit einem Überhangwinkel von 5° und einer Überhanglänge von 10 mm dargestellt. Die Probekörper werden mit einer Kombination aus der Vergrößerung der Steifigkeit und des thermischen Homogenisierens gefertigt.

Bild 77: Überhangprobekörper gefertigt mit einer Kombination aus thermischem Homogenisieren und Vergrößerung der Steifigkeit
$P_L = 250$ W
$D_S = 80$ µm
$v_S = 4500$ mm/s
$\Delta y_S = 0{,}02$ mm

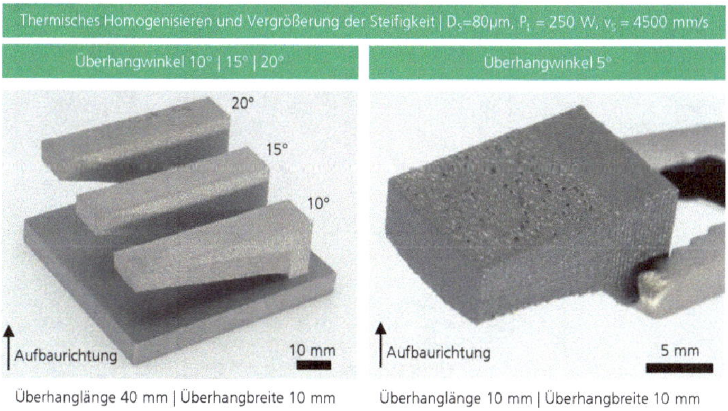

Überhanglänge 40 mm | Überhangbreite 10 mm

Überhanglänge 10 mm | Überhangbreite 10 mm

Die Fertigung der Probekörper ab einem Überhangwinkel von 10° mit einer Länge von 40 mm ist verzugsfrei möglich. Auch die Fertigung eines Probekörpers mit einem Überhangwinkel von 5° ist mit einer auf 10 mm reduzierten Überhanglänge bedingt möglich, stellt jedoch im Hinblick auf die Prozesssicherheit einen Grenzfall dar, da sich an der Vorderseite des Probekörpers Abweichungen in der Maßhaltigkeit ergeben, da in diesem Bereich die Unterseite des Probekörpers bereits leicht gewölbt ist.

6.2.4 Zwischenfazit

Durch die in den vorherigen Kapiteln untersuchten Reduktionsverfahren können Überhangprobekörper mit einer Breite von 10 mm und einer Länge von 40 mm mit unterschiedlichen Überhangwinkeln und Überhanglängen in Bezug auf das im Rahmen der Arbeit verwendete Flächenvergleichsmaß verzugsfrei gefertigt und der kritische Überhangwinkel auf bis zu 15° reduziert werden. Durch eine Kombination beider Reduktionsverfahren ist die Fertigung von Probekörpern mit einem kritischen Überhangwinkel von 10° und bedingt mit 5° möglich.

In Bild 78 sind die Ergebnisse der Untersuchungen in einer Übersicht über die verzugsfrei aufbaubaren Probekörper in Abhängigkeit von Überhangwinkel, Überhanglänge und Prozessparametersatz bzw. Reduktionsverfahren zusammengefasst.

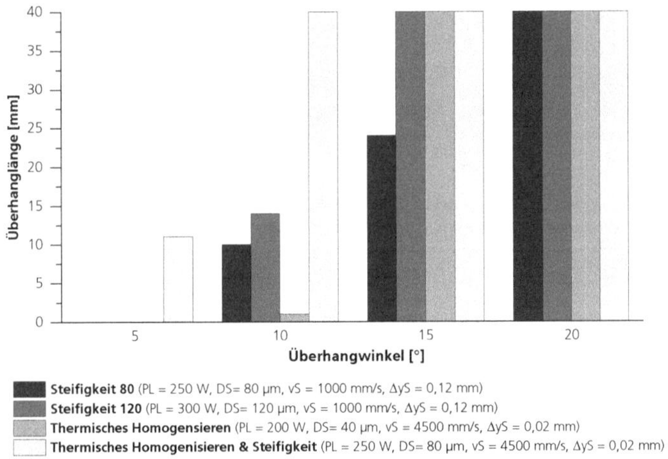

Bild 78: Übersicht über die mit den untersuchten Reduktionsverfahren fertigbaren Überhangprobekörper in Abhängigkeit des Überhangiwnkels und der Überhanglänge (Breite der Probekörper: 10 mm)

Mittels der Vergrößerung der Steifigkeit durch eine Vergrößerung der Schichtstärke können Probekörper ab einem Überhangwinkel von 20° (Schichtstärke von 80 µm) bzw. 15° (Schichtstärke von 120 µm, Laserleistung von 300 W) einer Überhanglänge von 40 mm gefertigt werden. Für einen Überhangwinkel von 10°

erfolgt die Fertigung bis zu einer Überhanglänge von 10 mm (D_S = 80µm) bzw. ca. 12 mm (D_S = 120µm) verzugsfrei. Da die Vergrößerung der Steifigkeit durch eine Vergrößerung der Schichtstärke realisiert wird, besteht ein besonderer Vorteil des Ansatzes darin, dass keine besonderen Anforderungen an die Datenaufbereitung gestellt werden. Gleichzeitig ist die durch den Treppenstufeneffekt mit Vergrößerung der Schichtstärke einhergehende Verkleinerung der Auflösung in Z-Richtung zu berücksichtigen.

Das thermische Homogenisieren ermöglicht die Fertigung von Probekörpern mit einem Überhangwinkel ab 15° mit einer Überhanglänge von 40 mm. Für Überhangwinkel von 10° können nur Probekörper mit Überhanglängen von wenigen Millimetern gefertigt werden. Das thermische Homogenisieren reagiert aufgrund der genutzten geringen Spurabstände in Verbindung mit relativ hohen Laserleistungen relativ sensitiv auf Überhitzungen im Spurwechselbereich bzw. Randbereich der Probekörper.

Durch eine Kombination der Vergrößerung der Steifigkeit und des thermischen Homogenisierens können Überhangprobekörper mit einer Länge von 40 mm und einem Überhangwinkel von 10° gefertigt werden. Probekörper mit einer Überhanglänge von bis zu 10 mm sind zudem mit einem Überhangwinkel von 5° verzugsfrei aufbaubar. Insbesondere bei relativ geringen Überhangwinkeln kann ein signifikanter Einfluss der Inter-Layer-Time in Bezug auf den Verzug der Probekörper im Bereich der Bauteilkanten festgestellt werden.

Nachdem die Untersuchungen zu den unterschiedlichen Reduktionsverfahren in den vorherigen Kapiteln ausschließlich die Fertigung der Probekörper mit einer Breite von 10 mm in Abhängigkeit von Überhangwinkel und Überhanglänge adressieren, sollen im Folgenden unter Verwendung des Prozessparameters mit Kombination der Reduktionsverfahren weitere Eigenschaften bzw. Grenzen bei der Fertigung der Überhangprobekörper identifiziert werden:

1. Maximale Überhangbreite (Kapitel 6.2.5): In den bisherigen Untersuchungen wird der Überhangprobekörper mit einer Überhangbreite von 10 mm gefertigt. Im Rahmen der Untersuchungen wird geprüft, welche maximale Überhangbreite fertigbar ist.

2. Maximaler Abstand zum Pulverbett (Kapitel 6.2.6): Bei der Fertigung der Überhangprobekörper in den vorherigen Kapiteln werden die auf die Fertigung von Überhangstrukturen angepassten Prozessparameter im gesamten Überhangbereich genutzt. Im Rahmen der Untersuchungen wird geprüft, in welchem maximalen vertikalen Abstand zum Pulverbett eine Anwendung der Überhangstrategien notwendig ist.

3. Relative Dichte (Kapitel 6.2.7): Neben der grundsätzlichen Baubarkeit ist die relative Dichte ein wesentliches Qualitätskriterium beim LBPF. Im Rahmen der

Untersuchungen wird die relative Dichte in den Überhangprobekörpern bestimmt.

6.2.5 Breite des Überhangprobekörpers

Zur Ermittlung der maximal fertigbaren Überhangbreite wird der Überhangprobekörper mit einem Winkel von 10° mit Breiten von 15 mm, 20 mm und 30 mm mit dem in Kapitel 6.2.3 ermittelten Prozessparameter gefertigt und die Flächenvergleichsmaße für den Verzug der Probekörper ermittelt. In Bild 79 sind die jeweiligen Flächenvergleichsmaße für die drei Probekörper in Abhängigkeit der Überhanglänge dargestellt.

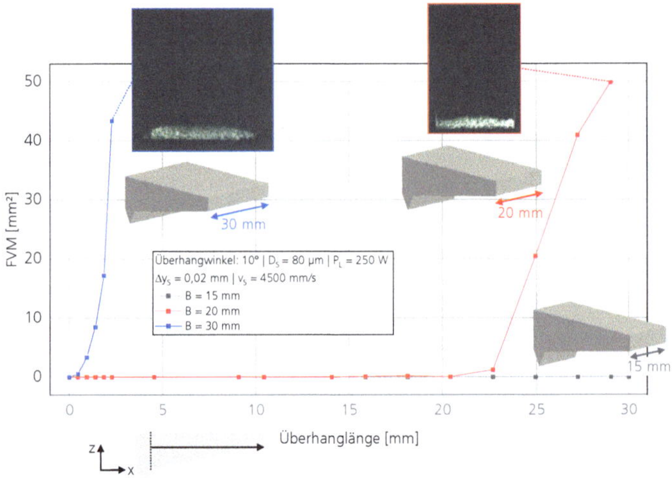

Bild 79: Verzug in Abhängigkeit der Überhanglänge für unterschiedliche Überhangbreiten Überhangwinkel:10° D_S = 80 µm v_S = 4500 mm/s Δy_S = 0,02 mm P_L = 250 W

Probekörper mit einer Breite von 15 mm können mit einer Überhanglänge von 40 mm verzugsfrei gefertigt werden. Für den Probekörper mit einer Überhangbreite von 20 mm stellt sich ab einer Überhanglänge von ca. 15 mm Verzug ein. Beim Probekörper mit einer Breite von 30 mm stellt sich bereits unmittelbar nach Beginn des Überhangbereichs Verzug ein, der nach einer Überhanglänge von ca. 2 mm zum Abbruch des Bauvorgangs führt.

Der Verzug der Probekörper mit einer Breite von 20 mm und 30 mm tritt jeweils hauptsächlich flächig im Bereich der vorderen Kante der Probekörper auf. Durch eine Vergrößerung der Überhangbreite ergibt sich eine proportionale Verlängerung der Scanvektoren, da die Belichtung im Überhangbereich parallel zur vorderen Kante des Probekörpers erfolgt. Daraus ergibt sich eine Vergrößerung der Abkühl- bzw. Repetitionszeiten entlang der einzelnen Scanvektoren, die somit die resultierende Temperaturverteilung im Überhangbereich beeinflusst: Aus der inhomogenen Temperaturverteilung bzw. der Vergrößerung des Temperaturgradienten im Überhangbereich resultiert offenbar der Verzug. Zudem ergibt sich durch die Vergrößerung des Probekörpers mehr Festmaterial zur Wärmeableitung, was die Abkühlung und den Temperaturgradienten im Überhangbereich ebenfalls begünstigt. Insgesamt kann aufgrund der Vergrößerung der Breite des Überhangprobekörpers somit das Wirkprinzip des thermischen Homogenisierens nicht mehr effizient umgesetzt werden.

In Bild 80 sind abschließend perspektivische Ansichten des Überhangprobekörpers mit einer Überhangbreite von 15 mm sowie des Überhangprobekörpers mit einer Überhangbreite von 20 mm (Bauvorgang abgebrochen) dargestellt.

Bild 80: Überhangprobekörper gefertigt mit einer Kombination aus thermischem Homogenisieren und Vergrößerung der Steifigkeit und Variation der Überhangbreite

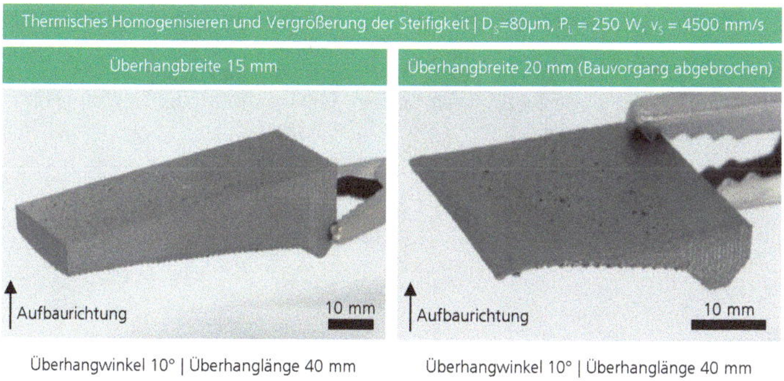

6.2.6 Abstand zum Pulverbett zur Anpassung der Überhangparameter

In den vorherigen Kapiteln wird die angepasste Prozessführung zur Umsetzung der Reduktionsverfahren im gesamten Überhangbereich eingesetzt. Im Folgenden soll untersucht werden, in welchem vertikalen Abstand zwischen Bauteil und Pulver d_P die Anpassung der Prozessparameter notwendig ist, um eine Fertigung der Überhangprobekörper sicherzustellen (Bild 81).

Bild 81: Schematische Darstellung des Abstands zum Pulver zur Anpassung der Überhangparameter

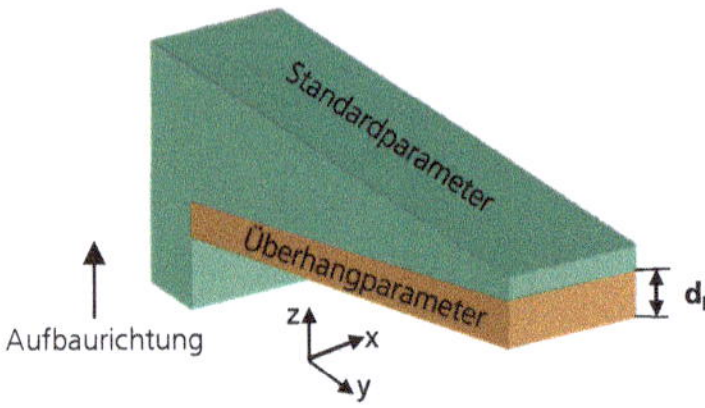

Schichten (D_S = 80 µm)	d_P [mm]
25	2 mm
50	4 mm
75	6 mm

Abstand in Z-Richtung zwischen Bauteil und Pulver, in dem die Überhangparameter eingesetzt werden

Der Abstand d_P beträgt jeweils ein Vielfaches der Schichtstärke im Überhang von 80 µm und wird in den durchgeführten Versuchen zwischen 2 mm (25 Schichten) und 6 mm (75 Schichten) variiert. Als Probekörper wird der Überhangprobekörper mit einem Überhangwinkel von 10°, einer Überhanglänge von 40 mm und einer Breite von 10 mm verwendet. In Bild 82 ist das Flächenvergleichsmaß in Abhängigkeit der Überhanglänge für die drei untersuchten Probekörper dargestellt. Zudem ist ein Teilausschnitt für die Probekörper mit d_P = 4 mm und d_P = 6 mm vergrößert dargestellt.

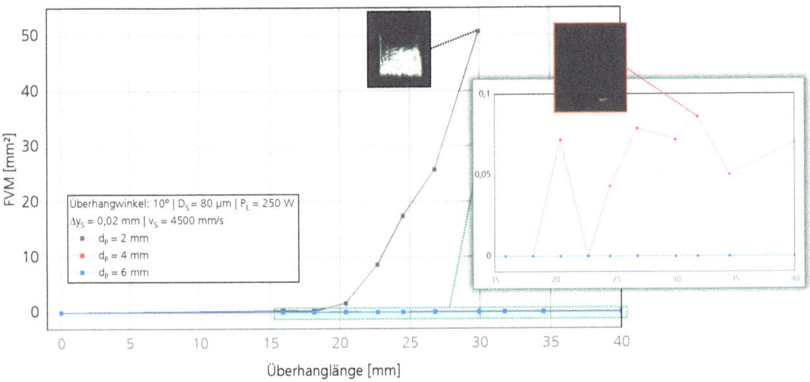

Bild 82: Verzug in Abhängigkeit der Überhanglänge und der Tiefe der Anpassung der Prozessparameter
Überhangwinkel: 10° | D_S = 80 µm | v_S = 4500 mm/s | Δy_S = 0,02 mm | P_L = 250 W

Für einen Abstand zur Anpassung der Prozessparameter von 2 mm bildet sich ab einer Überhanglänge von ca. 15 mm Verzug bei der Fertigung, der relativ stark zunimmt und bei einer Überhanglänge von ca. 29 mm zum Abbruch des Bauvorgangs führt. Für einen Abstand von d_P = 4 mm erfolgt die Fertigung des Probekörpers nahezu verzugsfrei, allerdings bildet sich an einer Überhanglänge von ca. 17 mm ein geringfügiger, aber messbarer Verzug an der vorderen Bauteilkante. Für einen Abstand von $d_P = 6$ mm kann der Probekörper vollständig verzugsfrei gefertigt werden, sodass dieser Abstand zur Fertigung von Probekörpern verwendet werden sollte.

Während bei der konventionellen Prozessführung auf kommerziellen LPBF-Anlagen die Anpassung der Prozessparameter im Überhangbereich nur in einem relativ geringen Abstand zum Pulver (weniger als 1 mm [18 bis 20]) durchgeführt wird, erfolgt die Fertigung in den vorliegenden Untersuchungen erst ab einem Abstand von 6 mm vollständig verzugsfrei. In [69] werden ähnliche Beobachtungen gemacht, indem für die Realisierung von kritischen Überhangwinkeln kleiner 35° ein Abstand von mehreren Millimetern (über 2 mm für einen Überhangwinkel von 30°) als wesentliche Voraussetzung genannt wird. Offensichtlich wird die Temperaturverteilung im Überhang durch die Verwendung des Standardparameters in der Nähe des Überhangs beeinflusst, sodass Verzug resultiert. Als ein wesentliches Defizit eines relativ großen Abstands zur Anpassung wird dabei jedoch die Zunahme der Porosität durch die Verwendung der Überhangparameter genannt [69, 75]. Diese wird im folgenden Kapitel untersucht.

6.2.7 Relative Dichte

Die wesentliche Zielsetzung bei der Untersuchung der Reduktionsverfahren in den vorherigen Kapitel besteht darin, den Überhangwinkel bei der Fertigung der Probekörper zu verkleinern, um eine Verkleinerung der notwendigen Stützstrukturen in der LPBF-Fertigung zu ermöglichen. Neben der verzugsfreien Baubarkeit ist in der praktischen Anwendung jedoch auch die relative Dichte ein wesentliches Qualitätskriterium mittels LPBF gefertigter Bauteile [10]. In Bild 83 ist ein mit dem aus Kapitel 6.2.3 resultierenden Prozessparametersatz (Kombination aus Vergrößerung der Steifigkeit und thermisches Homogenisieren) gefertigter Probekörper mit einer Überhanglänge von 10 mm und einem Überhangwinkel von 10° nach der metallographischen Präparation im Querschliff dargestellt. In der Abbildung sind zur besseren Beschreibbarkeit zudem unterschiedliche Bereich des Querschliffs farblich kenntlich gemacht.

Bild 83: Überhangprobekörper im Querschliff
Winkel 10°
Länge 10 mm
Breite 10 mm
(Thermisches Homogenisieren und Vergrößerung der Steifigkeit)
$P_L = 250$ W
$D_S = 80$ µm
$v_S = 4500$ mm/s
$\Delta y_s = 0{,}02$ mm

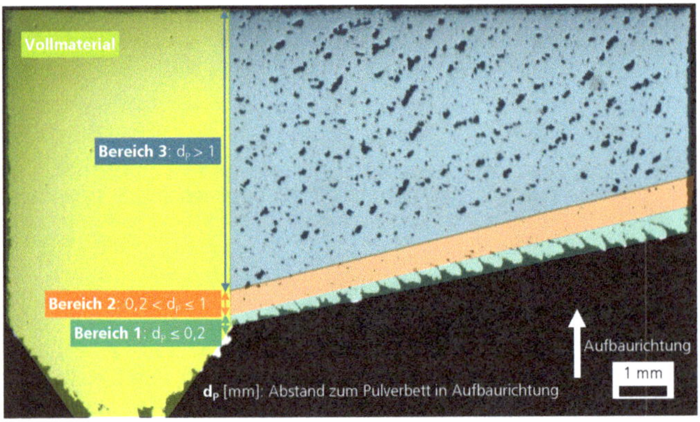

Im massiven Bereich im linken Teil des Probekörpers (gelb eingefärbt) beträgt die relative Dichte über 99,95 %, da in diesem Bereich die Fertigung mit Standardparametern erfolgt. Die relative Dichte im gesamten Überhangbereich beträgt 97,6 %, wobei die Verteilung und Ausprägung der Fehlstellen ungleichmäßig ist und sich in drei Bereiche unterteilen lässt, die in Aufbaurichtung durch den Abstand zum Pulverbett voneinander abgegrenzt werden können. Der Querschliff des Probekörpers ohne farbliche Kennzeichnung ist zudem im Anhang 12.4.6 (Bild 110) dargestellt.

In einem Abstand zum Pulver von 0 mm bis ca. 0,2 mm (Bereich 1, grün) ist das Material gekrümmt in einer Art Lamellenstruktur erstarrt. Die einzelnen Lamellen entsprechen dabei jeweils den Bereichen, die in den einzelnen Schichten mit einer Länge von ca. 450 µm in Vorschubrichtung direkt ins Pulverbett belichtet werden. Das Abknicken bzw. Einsinken der Lamellen ins Pulverbett ist vermutlich auf den relativ großen Energieeintrag in Verbindung mit der geringen Wärmeleitfähigkeit des Pulvers zurückzuführen. In [72] werden diese Strukturen ebenfalls bei der Fertigung von Überhangprobekörpern beobachtet und als „Schmelztropfen" bezeichnet. Zwischen den schichtweisen aufeinanderfolgenden Lamellen ergeben sich zudem längliche Fehlstellen mit einer Länge von 400-600 µm, da offenbar keine vollständige Anbindung der folgenden Schicht bzw. Lamelle an die darunterliegende bereits abgeknickte Lamelle möglich ist. In Bereich 2 (orange) mit einem Abstand zum Pulverbett von ca. 0,2 mm bis ca. 1 mm ist nur eine relativ geringe Menge an Fehlstellen erkennbar. Die maximale Länge der einzelnen Fehlstellen beträgt weniger als 100 µm und die innerhalb von Bereich 2 gemessene relative Dichte beträgt über 99,5 %. In diesem Bereich ergibt sich offensichtlich ein relativ stabiles Prozessfenster, da die Wärmeleitfähigkeit aufgrund der Nähe zum Pulverbett so groß ist, dass mit dem verwendeten Prozessparametersatz ein nahezu vollständiges Umschmelzen des Materials ohne

Fehlstellen möglich ist. Mit einem vergrößerten Abstand zum Pulverbett ab ca. 1 mm (Bereich 3, blau) ergibt sich ein relativ sprunghafter Übergang zu einem Bereich mit relativ großer Porenanzahl. Die Form der Poren ist spratzig und länglich mit Porenlängen zwischen ca. 0,2 mm und 0,5 mm. Zum Teil ergeben sich Porenketten, die über mehrere Schichten miteinander verbunden sind. Offenbar ist in diesem Bereich die Energie in Bezug auf die aufgrund des Abstands zum Pulver vergrößerten Wärmableitungsbedingungen nicht ausreichend, um das Material vollständig umzuschmelzen, sodass sich Anbindungsfehler im Verbund der Schmelzspuren sowie der Schichten bilden.

Die Ausprägung der drei Bereiche hinsichtlich Anzahl, Form und Verteilung der Fehlstellen entlang der Aufbaurichtung scheint abhängig von dem durch die Prozessparameter vorgegebenen Energieeintrag und den über den Abstand zum Pulver variierenden Wärmeableitungsbedingungen zu sein. Zur Prüfung dieser Hypothese sind in Bild 84 Querschliffe von Überhangprobekörpern mit einer Überhanglänge und -breite von 10 mm und einem Überhangwinkel von 10° dargestellt. Die Probekörper werden mit den bekannten Prozessparametern (Kombination aus Vergrößerung der Steifigkeit und thermischem Homogenisieren) gefertigt, wobei Laserleistung und Scangeschwindigkeit ausgehend von den Werten 250 W und 4500 mm/s variiert werden.

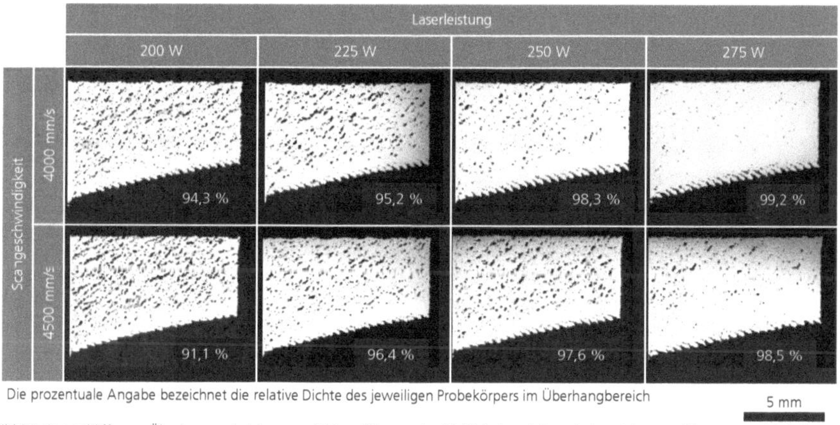

Die prozentuale Angabe bezeichnet die relative Dichte des jeweiligen Probekörpers im Überhangbereich

Bild 84: Querschliffe von Überhangprobekörpern mit Vergrößerung der Steifigkeit und thermischem Homogenisieren unter Variation von Laserleistung und Scangeschwindigkeit

Durch eine Vergrößerung des Energieeintrags (Vergrößerung der Laserleistung oder Verkleinerung der Scangeschwindigkeit) werden die geometrischen Abweichungen (Abknicken der Lamellen ins Pulver) stärker ausgeprägt. Zudem wird die Porosität in Aufbaurichtung verkleinert, da bei größerem Abstand zum Pulverbett und entsprechend größerer Wärmeableitung mehr Energie zum Aufschmelzen des Materials vorhanden ist. Die relative Dichte im Überhangbereich kann durch die Vergrößerung des Energieeintrags insgesamt vergrößert werden.

Durch eine Verkleinerung des Energieeintrags (Verkleinerung der Laserleistung oder Vergrößerung der Scangeschwindigkeit) im Überhangbereich, kann das Abknicken der Lamellenstruktur vermindert und die geometrischen Abweichungen entlang der dem Pulver zugewandten Unterkante des Probekörpers reduziert werden. Gleichzeitig verkleinert sich jedoch auch die Höhe des porenarmen Bereichs in Aufbaurichtung. Zudem nehmen aufgrund der geringeren Energie sowohl Größe als auch Anzahl der Poren mit zunehmendem Abstand zum Pulver zu. Insgesamt verkleinert sich die relative Dichte im Überhangbereich im Vergleich zum Ausgangsparametersatz durch den reduzierten Energieeintrag.

Zwischenfazit und Lösungsansatz

Ausprägung, Form und Verteilung der Fehlstellen innerhalb des Überhangbereichs sind abhängig vom Energieeintrag in Verbindung mit den lokalen Wärmeableitungsbedingungen. Weiterhin ergibt sich durch die Verwendung von über den gesamten Überhangbereich konstanten Prozessparametern ein Zielkonflikt zwischen einer möglichst großen relativen Dichte im Überhangbereich und den geometrischen Abweichungen an der dem Pulver zugewandten Bauteilfläche im Überhang. Anzumerken ist zudem, dass sich sowohl bei Vergrößerung als auch bei Verkleinerung des Energieeintrags bei der Fertigung der Probekörper unerwünschter Verzug einstellt, wie bereits in den vorherigen Kapiteln dargestellt wird.

Da die Verwendung eines über den gesamten Überhangbereich konstanten Prozessparametersatzes aus den genannten Gründen nicht zielführend erscheint, wird als Lösungsansatz eine Zuweisung der Prozessparameter (Laserleistung und Scangeschwindigkeit) in Abhängigkeit des vertikalen Abstands zum Pulverbett untersucht. Dadurch soll einerseits der Energieeintrag in den Schichten mit geringem Abstand zum Pulverbett reduziert werden, um das Abknicken der Lamellenstruktur zu vermeiden. Mit Vergrößerung des Abstands zum Pulver soll dagegen durch eine Vergrößerung des Energieeintrags die Bildung von Fehlstellen bzw. Zunahme der Porosität unterbunden werden. Der in der Software Vector-Generator implementierte Algorithmus zur Generierung der Baudaten für Überhangprobekörper wird entsprechend erweitert. In Bild 85 ist exemplarisch ein Überhangprobekörper mit den Scanvektordaten einer Bauteilschicht und adaptiver Laserleistungsanpassung in Abhängigkeit des Abstands zum Pulver dargestellt.

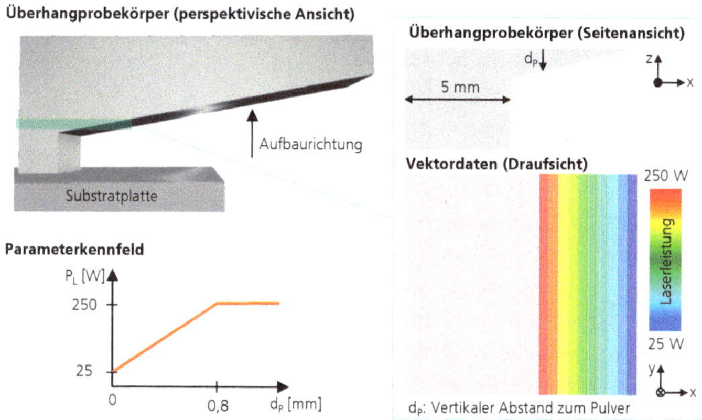

Bild 85: Überhangprobekörper mit Laserleistungsanpassung in Abhängigkeit des vertikalen Abstands zum Pulver

Im Beispiel erfolgt eine Leistungsanpassung zwischen 25 W und 250 W innerhalb von 0,8 mm, wobei ausgehend von 25 W pro Schicht (D_S = 0,08 mm) die Leistung um 25 W vergrößert wird.

Die Definition der Parameterkennfelder zur Fertigung der Überhangprobekörper gemäß des Vorgehens zur Anpassung der Laserleistung aus Bild 85 erfolgt basierend auf den Versuchen zur Variation des Energieeintrags aus Bild 84. In Vorversuchen werden zunächst Parameterkennfelder ausgeschlossen, bei denen sich aufgrund eines zu großen Energieeintrags Verzug einstellt. Querschliffe werden nur von Probekörpern hergestellt mit den Parameterkennfeldern angefertigt, mit denen eine vollständig verzugsfreie Fertigung möglich ist. In Bild 86 ist der Verlauf der Parameterkennfelder zusammengefasst dargestellt. Eine tabellarische Auflistung der einzelnen Leistungskurven findet sich zudem in Anhang 12.4.7.

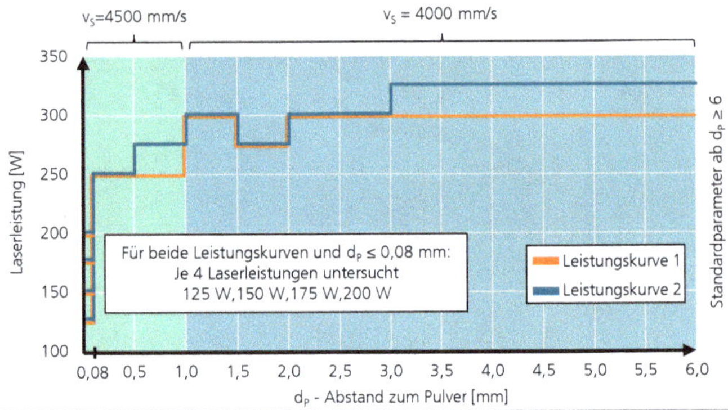

Bild 86: Parameterkennfelder mit Laserleistung und Scangeschwindigkeit in Abhängigkeit des vertikalen Abstands zum Pulver zur Fertigung von Überhangprobekörpern

Übrige Prozessparameter entsprechend der Kombination aus Vergrößerung der Steifigkeit und thermischem Homogenisieren (Spurabstand 0,02mm, Schichtstärke im Überhang 0,08 mm)

Zur Fertigung der Probekörper werden zwei Laserleistungskurven verwendet, wobei für jede Kurve die Laserleistung bei direkter Belichtung des Pulvers ($d_P \leq 0{,}08$ mm) zwischen 125 W und 200 W variiert wird. Leistungskurve 2 hat abschnittsweise ($0{,}5$ mm $\leq d_P \leq 1$ mm und $d_P \geq 3$ mm) eine um 25 W größere Laserleistung als Leistungskurve 1. Insgesamt ergeben sich somit acht verschiedene Parameterkennfelder. Die Scangeschwindigkeit beträgt für alle Leistungskurven 4500 mm/s bis zu einem Abstand zum Pulver von 1 mm und 4000 mm/s für Abstände größer 1 mm. Die Anpassung der Prozessparameter im Überhangbereich erfolgt, basierend auf den Ergebnissen aus Kapitel 6.2.6, innerhalb eines vertikalen Abstands von maximal 6 mm zum Pulver. Oberhalb dieses Abstands erfolgt die Verwendung von Standardparametern. In Bild 87 sind die zugehörigen Querschliffe der Überhangbereiche der Probekörper dargestellt. Der Überhangwinkel beträgt 10° und die Überhanglänge und -breite 10 mm.

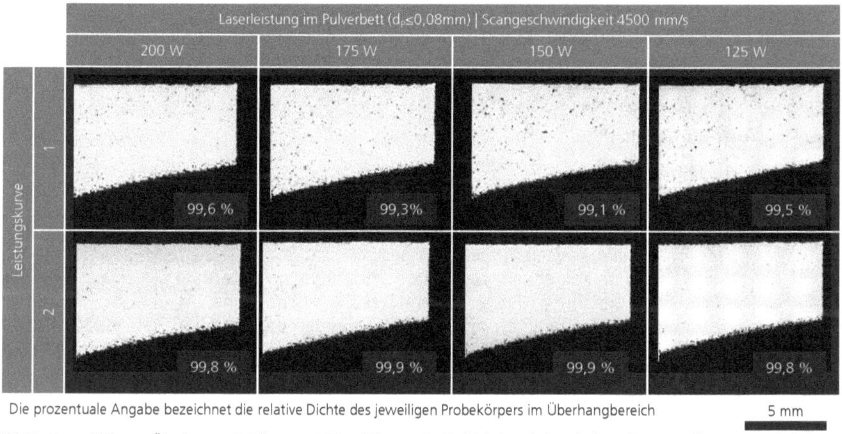

Die prozentuale Angabe bezeichnet die relative Dichte des jeweiligen Probekörpers im Überhangbereich

Bild 87: Querschliffe von Überhangprobekörpern mit Vergrößerung der Steifigkeit und thermischem Homogenisieren unter Variation von Laserleistung und Scangeschwindigkeit

Die relative Dichte über alle Probekörper variiert zwischen 99,1 % und 99,9 %, wobei sich für sechs der acht Probekörper eine relative Dichte von mindestens 99,5 % ergibt. Unter Verwendung von Leistungskurve 2 betragen die relativen Dichten für alle Probekörper mindestens 99,8 %, während die relativen Dichten unter Verwendung von Leistungskurve 1 zwischen 99,1 % und 99,6 % betragen. Unter Verwendung von Leistungskurve 1 mit einer in bestimmten Abständen zum Pulverbett um 25 W kleineren Laserleistung resultiert insbesondere mit größerem Abstand zum Pulverbett ab ca. 2 mm eine größere Anzahl von Poren. Um möglichst reproduzierbar relative Dichten größer 99,5 % im Überhangbereich zu erreichen, wird somit die Verwendung von Leistungskurve 2, insbesondere aufgrund der mit größerem Abstand zum Pulver auf 325 W vergrößerten Laserleistung empfohlen. Mit Laserleistungen im Pulverbett (d_P ≤ 0,08 mm) größer als 150 W ergeben sich die bereits in den Versuchen mit konstanten Prozessparametern beobachteten lamellaren, ins Pulver abknickenden Strukturen. Für Laserleistungen von 150 W bzw. 125 W kann das lamellare Abknicken weitgehend vermieden werden, wobei sich im Bereich der Unterseite des Probekörpers eine raue bzw. teilweise poröse Struktur ergibt.

Durch die demonstrierte Strategie einer dynamischen Anpassung der Laserleistung in Abhängigkeit des Abstands zum Pulverbett kann die adaptive Prozessführung zur Fertigung von Überhangprobekörpern mit Kombination des thermischen Homogenisierens und der Vergrößerung der Steifigkeit so erweitert werden, dass der kritische Überhangwinkel auf 10° verkleinert und gleichzeitig Probekörper mit einer relativen Dichte größer als 99,5 % gefertigt werden können.

Im Anhang 12.4.8 findet sich zudem der Querschliff eines Überhangprobekörpers mit einer Überhanglänge von 40 mm, einer Überhangbreite von 10 mm sowie einem Überhangwinkel von 10°, gefertigt unter Verwendung von Leistungskurve 2 mit einer relativen Dichte im Überhangbereich von 99,6 %.

6.3 Aufbaurate

6.3.1 Sensitivitätsanalyse zur Vergrößerung der Aufbaurate

Im Hinblick auf eine Vergrößerung der Aufbaurate durch eine Vergrößerung der LPBF-Prozessparameter Scangeschwindigkeit, Schichtstärke und Spurabstand wird im Folgenden die Sensitivität der realen Aufbaurate auf eine Vergrößerung der genannten Prozessparameter untersucht. Zunächst unabhängig von einer prozesstechnischen Umsetzbarkeit werden dazu die drei Prozessparameter ausgehend vom Standardparametersatz jeweils einzeln um 50 % vergrößert und die daraus resultierende reale Aufbaurate ins Verhältnis zur realen Aufbaurate mit Standardparametern gesetzt. Daraus ergibt sich die relative Veränderung der realen Aufbaurate für jede Parameteränderung.

In Bild 88 ist die Veränderung der realen Aufbaurate für den Standardparametersatz für die drei jeweils um 50 % vergrößerten Prozessparameter in Abhängigkeit der Scanvektorlänge dargestellt.

Bild 88: Sensitivität der realen Aufbaurate auf eine Vergrößerung der LPBF-Prozessparameter um jeweils 50 %

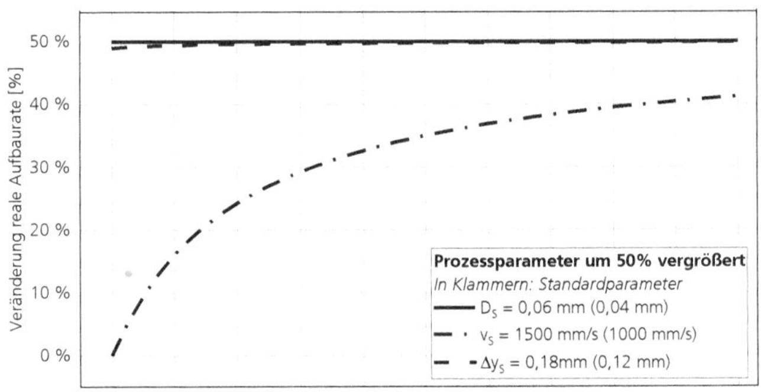

Eine Vergrößerung der Schichtstärke um 50 % bewirkt unabhängig von der Scanvektorlänge eine Vergrößerung der realen Aufbaurate um 50 %. Durch die Schichtstärke wird als einziger der drei betrachteten Prozessparameter nicht die Ausführungszeit, sondern ausschließlich das umgeschmolzene Materialvolumen beeinflusst. Entsprechend ergibt sich für diese Parameteränderung ein Wirkungsgrad von 100 %[1]. Als zusätzlicher Nebeneffekt wird durch die Vergrößerung der Schichtstärke auch die Anzahl der Schichten und damit die Gesamtdauer des Pulverauftrags des jeweiligen Baujobs reduziert.

Eine Vergrößerung des Spurabstands um 50 % bewirkt für alle Scanvektorlängen eine Vergrößerung der realen Aufbaurate um mindestens 49 %, wobei sich mit steigender Scanvektorlänge eine Vergrößerung auf bis zu 49,9 % (bei 10 mm Scanvektorlänge) ergibt. Der Spurabstand beeinflusst das umgeschmolzene Materialvolumen, sodass zunächst eine Vergrößerung der Aufbaurate resultiert. Gleichzeitig geht der Spurabstand jedoch auch als Sprungdistanz zwischen den einzelnen Scanvektoren in die Ausführungszeit ein, die sich durch eine Vergrößerung des Spurabstands entsprechend auch vergrößert. Der relative Anteil des Sprungvorgangs an der Gesamtzeit beträgt allerdings für alle Scanvektorlängen weniger als 2 %, sodass die Auswirkungen der Vergrößerung der Ausführungszeit auf die Aufbaurate relativ gering ausfallen. Dementsprechend liegt der Wirkungsgrad der Vergrößerung des Spurabstands bei mindestens 97 % und im Mittel bei 99,4 %.

Die Auswirkungen einer Vergrößerung der Scangeschwindigkeit um 50 % sind stark von der Scanvektorlänge abhängig: Für eine Scanvektorlänge von 10 mm ergibt sich eine Vergrößerung der realen Aufbaurate um 41 %. Für eine Scanvektorlänge von 1 mm beträgt die Vergrößerung der realen Aufbaurate nur 16 % und strebt bei weiterer Verkleinerung der Scanvektorlänge gegen 0 %: Im Gegensatz zur Schichtstärke oder dem Spurabstand beeinflusst die Scangeschwindigkeit nicht das umgeschmolzene Materialvolumen sondern ausschließlich die zur Belichtung des Scanvektors benötigte Ausführungszeit über den Zeitanteil der Markierung des Scanvektors ($t_4 = l_V/v_S$). Dieser Zeitanteil wird durch eine Vergrößerung der Scangeschwindigkeit reduziert. Der Einfluss auf die Ausführungszeit ist jedoch stark abhängig von der Scanvektorlänge: Mit Verkleinerung der Scanvektorlänge ergibt sich auch eine Verkleinerung des relativen Anteils dieses Zeitanteils an der Ausführungszeit, da der Einfluss der Nebenzeiten zunimmt. Der mittlere Wirkungsgrad der Vergrößerung der Scangeschwindigkeit beträgt dementsprechend 62,4 %.

Die Vergrößerung von Scangeschwindigkeit, Schichtstärke oder Spurabstand resultiert unter Berücksichtigung der theoretischen Aufbaurate immer in einer Vergrößerung der theoretischen Aufbaurate mit einem Wirkungsgrad von 100 % (vgl. Formel **4.2**). Unter Berücksichtigung der realen Aufbaurate ergeben sich signifikante Unterschiede hinsichtlich des Wirkungsgrads in Abhängigkeit des zur Vergrößerung ausgewählten Prozessparameters. Diese Abhängigkeit wird insbe-

[1] Als Wirkungsgrad wird in diesem Zusammenhang die Auswirkung der Prozessparameteränderung auf die Veränderung der realen Aufbaurate bezeichnet. Im dargestellten Beispiel (Vergrößerung der einzelnen Prozessparameter um jeweils 50 %) entspricht daher ein Wirkungsgrad von 100 % einer Vergrößerung der realen Aufbaurate um 50 %.

sondere bei der Scangeschwindigkeit deutlich, deren mittlerer Wirkungsgrad bereits relativ gering ist (62,4 %) und mit Verkleinerung der Scanvektorlänge gegen 0 % strebt.

Bei der Auswahl von Prozessparametern zur Vergrößerung der Aufbaurate müssen daher neben prozesstechnischer Aspekte auch die jeweils resultierenden Wirkungsgrade der Vergrößerung der Aufbaurate berücksichtigt werden. Im Rahmen dieser Arbeit wird aufgrund des geringen Wirkungsgrads eine Vergrößerung der Scangeschwindigkeit nicht untersucht. Eine Vergrößerung der Schichtstärke ist als globale Einstellung in der Datenaufbereitung nach Stand der Technik bereits möglich und kann dynamisch bereits durch Ansätze wie die Hüll-Kern Prozessführung umgesetzt werden [43, 92].

In Kapitel 6.1 wird zur Bearbeitung filigraner Bauteilbereiche bereits die dynamische Anpassung des Spurabstands diskutiert, indem zur Vergrößerung der lokalen Auflösung eine Reduzierung des Spurabstands untersucht wird. Dieser Ansatz wird im Folgenden verwendet, indem eine lokale Vergrößerung des Spurabstands zur Vergrößerung der Aufbaurate demonstriert wird.

6.3.2 Vergrößerung der Aufbaurate durch dynamische Anpassung des Spurabstands

Zur Vergrößerung der Aufbaurate werden würfelförmige Probekörper mit einer Kantenlänge von 10 mm mit einem im Vergleich zum Standardparametersatz vergrößerten Spurabstand gefertigt und die Porosität im Querschliff lichtmikroskopisch ermittelt. Der Spurabstand wird auf bis zu 0,22 mm mit einer Schrittweite von 0,02 mm vergrößert. Um bei einem vergrößerten Spurabstand einen geschlossenen Spurverbund zu realisieren, wird der Durchmesser des Laserstrahls in der Bearbeitungsebene durch Defokussierung mit der dynamischen Fokussiereinheit auf 0,1 mm vergrößert. Durch die Vergrößerung des Laserstrahldurchmessers verkleinert sich die Intensität in der Bearbeitungsebene bei konstanter Leistung von 250 W um 36 %. Aus diesem Grund werden die Versuche mit Laserleistungen von 350 W und 400 W durchgeführt. Die Scangeschwindigkeit beträgt 1000 mm/s. Insgesamt werden zehn Probekörper gefertigt, wobei jeweils zwei Probekörper mit der gleichen Prozessparameterkombination ausgewertet werden. In Bild 89 sind die Ergebnisse der lichtmikroskopischen Dichteauswertung und drei exemplarische Querschliffe dargestellt.

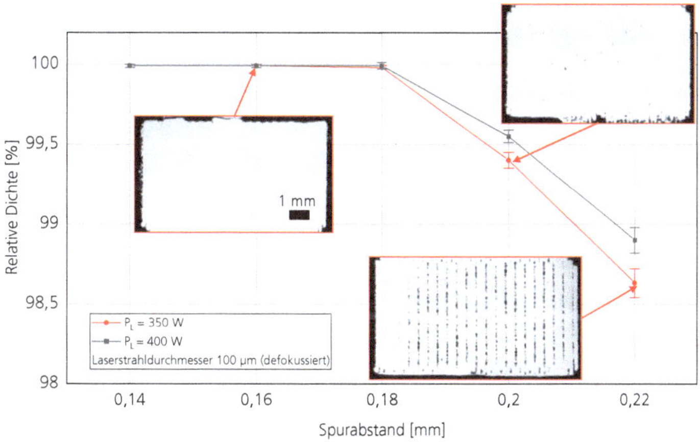

Bild 89: Relative Dichte in Abhängigkeit des Spurabstands bei vergrößertem Spotdurchmesser (100 µm) und exemplarische Querschliffe

Bei einer Laserleistung von 350 W beträgt die relative Dichte bis zu einem Spurabstand von 0,18 mm mindestens 99,95 %. Bei weiterer Vergrößerung des Spurabstands verkleinert sich die relative Dichte auf 99,4 % (Δy_S = 0,2 mm) bzw. 98,6 % (Δy_S = 0,22 mm). Für eine Laserleistung von 400 W ergibt sich ein ähnlicher Verlauf, wobei die relative Dichte für Spurabstände ab 0,18 mm im Vergleich zu einer Laserleistung von 350 W geringfügig (ca. 0,2 %) größer sind. Wie durch die in den Lichtbildern der Querschliffe im Abstand des Spurabstands periodisch sichtbaren, senkrecht verlaufenden Porenketten deutlich wird, ergeben sich die Defekte für Spurabstände größer als 0,18 mm durch Anbindungsfehler zwischen den einzelnen Schmelzspuren: Durch den relativ großen Spurabstand ergibt sich ein unzureichender Überlapp zwischen den Schmelzspuren, aus dem Porosität resultiert. Durch eine Vergrößerung des Laserstrahldurchmessers in der Bearbeitungsebene auf 0,1 mm in Verbindung mit einer Vergrößerung der Laserleistung kann der Spurabstand auf bis zu 0,18 mm vergrößert werden und weiterhin eine relative Dichte von mindestens 99,95 % erzielt werden.

In Verbindung mit den in Kapitel 6.1 identifizierten Prozessparametern kann an dieser Stelle ein Parameterkennfeld für die Belichtung des Schraffurbereichs abgeleitet werden, bei dem eine Anpassung des Spurabstands, der Laserleistung und des Laserstrahldurchmessers in Abhängigkeit von der Repetitionszeit und der Scanvektorlänge umgesetzt wird. Um die Tauglichkeit der dynamischen Parameteranpassung zu untersuchen, werden die in Bild 90 dargestellten Probekörper unter Berücksichtigung des Parameterkennfelds gefertigt und metallografisch untersucht.

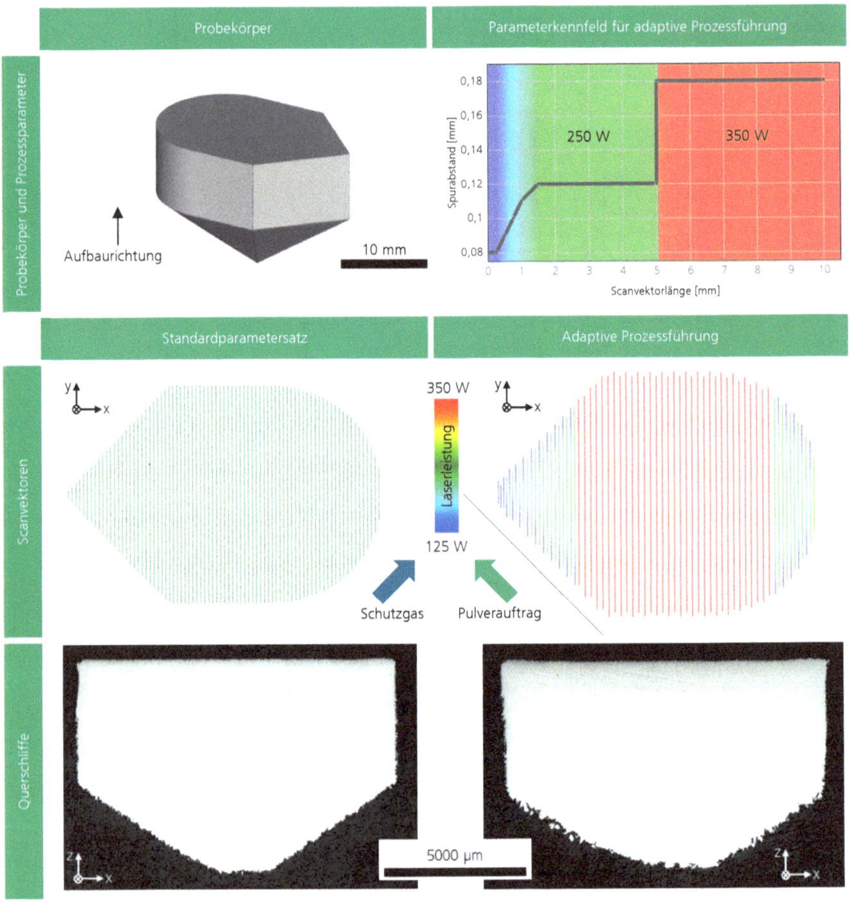

Bild 90: Fertigung von Probekörpern mit Standardparametersatz und adaptiver Anpassung des Spurabstands zur Vergrößerung der Aufbaurate (Querschliffe, Scanvektoren, Parameterkennfeld)

Bis zu einer Scanvektorlänge von 5 mm wird die aus Kapitel 6.1 bekannte adaptive Prozessführung verwendet. In der Simulation in Kapitel 4.1.1 wird gezeigt, dass sich ab einer Scanvektorlänge von ca. 5 mm eine vollständig konstante Schmelzbadbreite und entsprechend stationärer Zustand für den Standardparametersatz einstellt. Aus diesem Grund wird ab dieser Scanvektorlänge der Spurabstand auf 0,18 mm und die Laserleistung auf 350 W vergrößert. Die in Bild 90 dargestellten resultierenden Scanvektordaten des Probekörpers mit adaptiver Prozessführung sind an den Scanvektoranfängen bzw. -enden jeweils länger als die Scanvektoren des Standardparametersatzes, da hier die Verlängerungen für die Beschleunigungsstrecken der Beschleunigungskompensation in der Datenaufbereitung bereits mitgeneriert werden (vgl. Kapitel 5.3). Die effektiv belichteten Strecken sind entsprechend kürzer. Sowohl der unter Verwendung des Standardparametersatzes als auch der mit adaptiver Prozessführung gefertigte Probekörper kann mit einer relativen Dichte größer als 99,95 % erfolgreich aufgebaut werden.

In Bild 91 sind die resultierenden realen Aufbauraten für die adaptive Prozessführung und die Prozessführung mit Standardparametersatz in Abhängigkeit von der Scanvektorlänge dargestellt.

Bild 91: Reale Aufbaurate in Abhängigkeit von der Scanvektorlänge für Prozessführung mit Standardparametersatz und adaptive Prozessführung

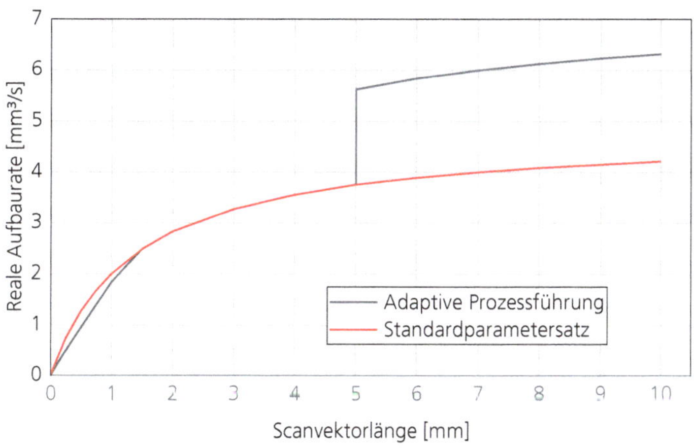

Wie in Kapitel 4.3 erläutert wird, ergibt sich für beide Prozessführungsstrategien ein mit Verkleinerung der Scanvektorlänge degressiver Verlauf der realen Aufbaurate aufgrund der Zunahme des Einflusses unproduktiver Nebenzeiten auf die Aufbaurate. Für Scanvektorlängen kleiner 1,5 mm und die adaptive Prozessführung resultiert zudem eine im Vergleich zum Standardparametersatz verkleinerte Aufbaurate, da in diesem Fall in Bereichen kleiner Scanvektorlängen eine adaptive Verkleinerung des Spurabstands angewendet wird, um einen homogenen Spurüberlapp zu realisieren. Ab Scanvektorlängen von 5 mm wird für die adaptive Prozessführung der Spurabstand auf 0,18 mm vergrößert, was in einer Zunahme der Aufbaurate resultiert. Über alle Scanvektorlängen gemittelt ergibt sich für den Standardparametersatz eine reale Aufbaurate von 2,86 mm³/s und für die adaptive Prozessführung eine reale Aufbaurate von 3,54 mm³/s.

7 Anwendungserprobung

7.1 Software zur Datenaufbereitung

Die Generierung der Baudaten für die in den vorangegangenen Untersuchungen verwendeten primitiven Probekörper erfolgt mit der Software VectorGenerator (vgl. Kapitel 3.3). Zur Übertragung der Ansätze zur adaptiven Prozessführung auf komplexe Bauteile wird im Rahmen der Anwendungserprobung die Datenaufbereitungssoftware LaserPowderBockFusion entwickelt. Die Software wird in der Programmiersprache Visual Basic .NET [100] programmiert und verfügt über eine grafische Benutzeroberfläche zur Visualisierung der Bauteile, zur Baujobzusammenstellung und zur Verwaltung und Zuweisung der Prozessparameter. In Bild 92 sind die beiden Benutzerdialoge von LaserPowderBockFusion sowie der in der Software implementierte Ablauf zur Datenaufbereitung, ausgehend von der STL-Datei des Bauteils bis zur Ausleitung der Baujobdaten, beschrieben.

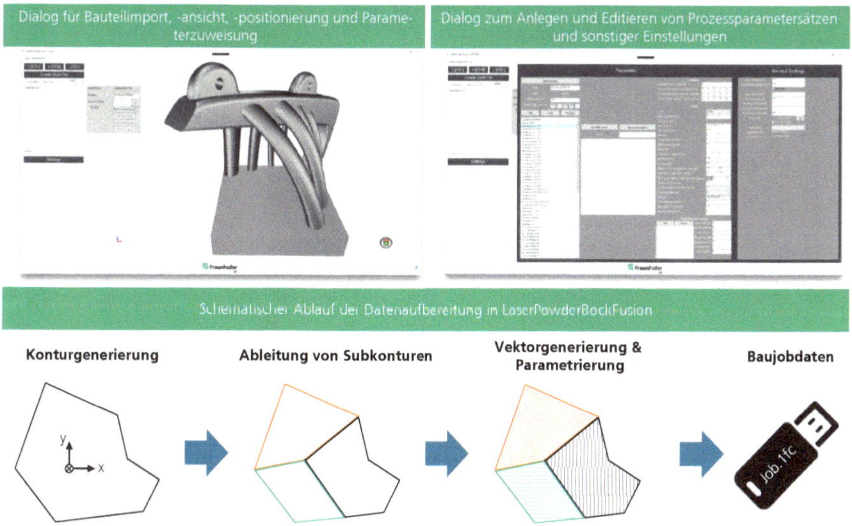

Bild 92: Benutzeroberflächen (oben) und Ablauf der Datenaufbereitung (unten) in LaserPowderBockFusion

1. Konturgenerierung

Aus der STL Datei des Bauteils werden mit einer definierten Basisschichtstärke die Außenkonturen des Bauteils generiert bzw. gesliced. Die Konturen der einzelnen Schichten werden um einen bestimmten Betrag (Beam Compensation) nach innen versetzt, um den Radius des Laserstrahls zu kompensieren und dadurch die Maßhaltigkeit des Bauteils zu vergrößern.

2. Ableitung von Subkonturen in Abhängigkeit der 3D Geometrie

Die Kontur jeder Schicht wird über Boolesche Operationen mit einer bestimmten Anzahl von Konturen darunter bzw. darüber liegender Schichten verschnitten. Durch diese Booleschen Operationen wird die Gesamtkontur einer jeden Schicht in mehrere Subkonturen unterteilt, wobei jede Subkontur durch die Anzahl ober- bzw. unterhalb dieser Subkontur liegender Schichten definiert ist.

3. Vektorgenerierung und Parametrierung innerhalb der Subkonturen

Jede in Schritt 2 abgeleitete Subkontur einer Bauteilschicht wird entsprechend einer definierten Scanstrategie mit Scanvektoren gefüllt. Die Software ermöglicht prinzipiell das Einladen beliebiger Füllstrategien als XML-Datei. Zu den im Rahmen der Arbeit verwendeten Strategien zählen Durchgängig, Streifenmuster und Konturverfolgend. Durch eine Analyse der Kontur wird detektiert, ob es sich um eine umschlossene Kontur oder eine offene Kontur im Außenbereich handelt, um bspw. die konturverfolgende Strategie anzupassen. Für jede Subkontur können individuelle Schichtstärken (als Vielfaches der Grundschichtstärke aus Schritt 1) festgelegt werden, um bspw. im Bereich von Überhängen zur Vergrößerung der Steifigkeit lokale Vergrößerungen der Schichtstärke umzusetzen. Die generierten Scanvektoren innerhalb der jeweiligen Subkonturen werden mit Prozessparametern (z.B. Laserleistung, Scangeschwindigkeit) versehen. Für die Strategie Durchgängig und Streifenmuster kann darüber hinaus eine dynamische Anpassung der Laserleistung auf Subvektorebene durch Unterteilung in Mikrovektoren und eine dynamische Anpassung des Spurabstands durchgeführt werden.

4. Baujobdaten

Die Ausleitung der Baudaten erfolgt im in Kapitel 5.4 beschriebenen 1FC-Format. Innerhalb der Software erfolgt die Generierung der Scanvektoren generisch, sodass die Speicherung der Baujobdaten prinzipiell in jedem beliebigen Format möglich ist. Voraussetzung ist, dass das entsprechende Dateiformat die notwendige Flexibilität hinsichtlich der dynamischen Anpassung der Prozessparameter unterstützt.

Belichtung der Bauteilkontur

Die bisher beschriebene Datenaufbereitungsroutine bezieht sich ausschließlich auf die Generierung der Scanvektoren im Schraffurbereich des Bauteils. In kommerziell verfügbarer Software zur LPBF-Datenaufbereitung werden bei der Generierung der Baudaten zusätzlich Scanvektoren zur Belichtung der Bauteilkontur generiert. Dabei wird stets die gesamte Bauteilkontur belichtet und eine Änderung der Prozessparameter ist ausschließlich zwischen Inskin, Downskin und Upskin möglich. Um die Flexibilität für den Anwender zu vergrößern, wird in LaserPowderBockFusion ein neuartiger Ansatz zur Konturgenerierung implementiert: In der Benutzeroberfläche der Software können vom Anwender über ein Stift-Werkzeug Oberflächenbereiche des Bauteils selektiv ausgewählt bzw. markiert werden wie in Bild 93 dargestellt.

Bild 93: Bauteil in LaserPowderBock-Fusion mit individuell markierten Flächen und resultierende Scanvektordaten

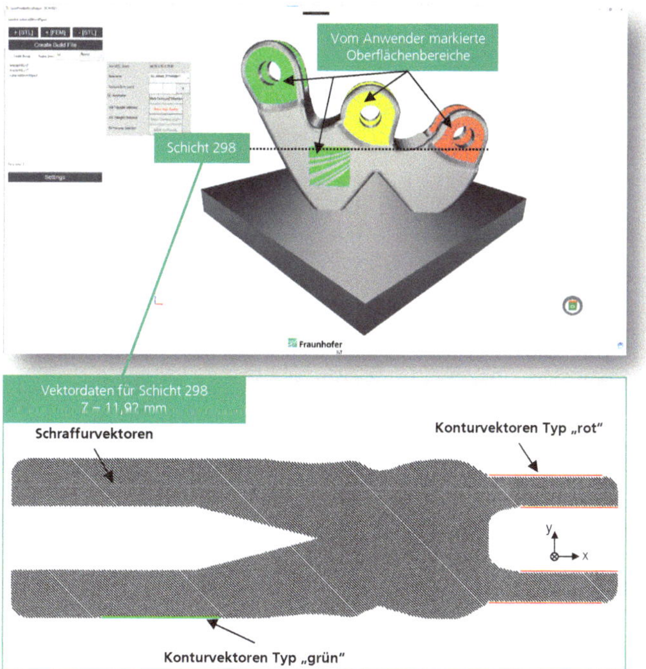

Die technische Umsetzung erfolgt, indem unter Verwendung eines sogenannten

Hit-Test-Algorithmus die Dreiecke, die vom Benutzer mit der Maus ausgewählt werden, in einer separaten Liste gespeichert werden. Diese Oberflächendreiecke können daraufhin als zusätzliche STL-Datei mit der für das Gesamtbauteil genutzten Schichtstärke gesliced werden, um schichtweise die Oberflächenkonturen zu generieren. Die Generierung von Scanvektorpfaden zur Belichtung der Bauteilkontur erfolgt somit nur innerhalb der vom Anwender markierten Flächen. Die im Beispiel dargestellten Farben (rot, grün, gelb) repräsentieren dabei unterschiedliche Konturtypen, die in jeweils unterschiedlichen Dreieckslisten gespeichert werden. Jedem Konturtyp können dadurch zusätzlich individuelle Prozessparameter (Laserleistung, Laserleistungsmodulation und Scangeschwindigkeit) zugeordnet werden. Somit kann neben der individuellen Auswahl der Konturoberflächen auch eine individuelle Bearbeitung der einzelnen Konturtypen ermöglicht werden. In der derzeitigen Umsetzung können bis zu drei unterschiedliche Konturtypen definiert werden, wobei bei Bedarf eine Erweiterung zu einer beliebigen Anzahl an Konturtypen möglich ist. Die Software unterstützt derzeit eine einzelne Konturfahrt pro Konturtyp mit einem für alle Konturtypen konstanten Kontur-Schraffur Abstand.

7.2 Fertigung von Bauteildemonstratoren

7.2.1 Anwenderspezifische Konturparameter

Die in Kapitel 7.1 beschriebene Zuweisung anwenderspezifischer Konturparameter wird im Folgenden an einem Probekörper demonstriert. In Bild 94 (links) sind die auf dem Probekörper vom Anwender markierten Oberflächen dargestellt. Die drei Bogenelemente mit Bohrung werden jeweils mit einem Konturtyp bearbeitet. Zudem werden im unteren Bereich des Bauteils Oberflächensegmente in Form des Logos der Fraunhofer-Gesellschaft markiert. Im rechten Teil des Bildes ist das gefertigte Bauteil dargestellt. Zudem werden die Flächenrauheiten (S_a) der einzelnen Oberflächensegmente gemessen.

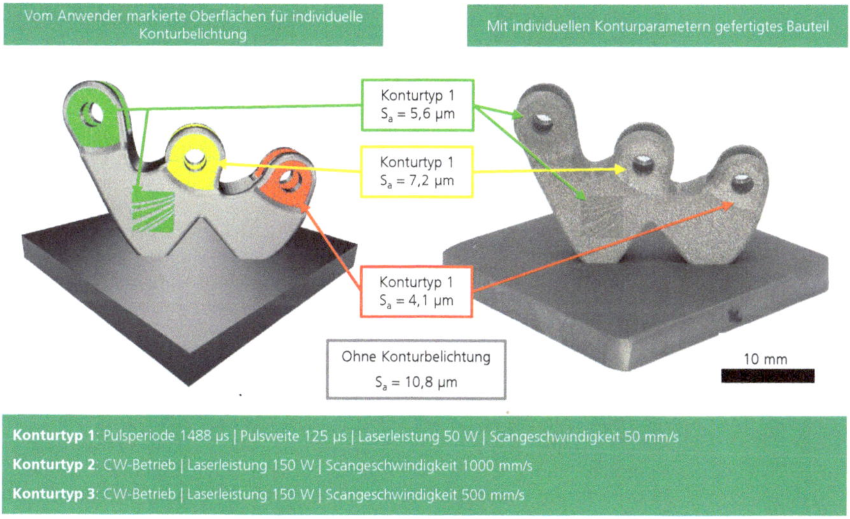

Bild 94: Probekörper mit individuell eingestellten Konturparametern

Zur Fertigung des Probekörpers werden drei unterschiedliche Prozessparametersätze verwendet, die aus vorangegangenen Studien bekannt sind. Dabei kommt ein Parametersatz mit gepulst-modulierter Laserstrahlung sowie zwei Parametersätze mit dem Laser im CW-Betrieb zum Einsatz. Nicht markierte Bereiche werden ohne Konturbelichtung ausschließlich mit Schraffurbelichtung bearbeitet. Der Schraffur-Kontur Abstand beträgt für alle Konturtypen 20 µm.

Bereits bei makroskopischer Betrachtung des Lichtbilds sind die unterschiedlich bearbeiteten Konturbereiche des Probekörpers sichtbar. Auch die filigrane Streifenstruktur des Logos im linken Bereich des Probekörpers (bearbeitet mit Konturtyp 1) ist deutlich erkennbar und die Streifenstruktur wird entsprechend der digitalen Vorgabe aufgelöst. Die gemessenen Rauheitswerte unterscheiden sich ebenfalls abhängig von der gewählten Belichtungsstrategie, wobei die größte Flächenrauheit von S_A = 10,2 µm in den nur mit Schraffurbelichtung bearbeiteten Bereichen erzielt wird, die geringste Rauheit von S_A = 4,1 µm im Bereich von Konturtyp 1. Auffällig ist die Bildung einer Kante im Randbereich der mit Konturtyp 2 und 3 belichteten Oberflächenbereiche: Aufgrund des im Vergleich zu Konturtyp 1 größeren Energieeintrags ergeben sich in diesem Fall offenbar breitere Schmelzbäder, sodass die Konturen nicht bündig mit den ohne zusätzliche Konturbelichtung generierten Oberflächenbereichen abschließen. In diesem Fall wäre eine individuelle Vergrößerung des Kontur-Schraffur Abstands für die Konturtypen 2 und 3 notwendig. Diese ist jedoch in der derzeitigen Version der Software noch nicht verfügbar.

Ausblickend ist mit der hier demonstrierten Machbarkeit einer individuellen Konturbelichtung eine gezielte Funktionalisierung von Bauteiloberflächen während der LPBF-Fertigung möglich: Während bei der konventionellen LPBF-Fertigung typischerweise eine möglichst hohe Oberflächengüte mit möglichst geringen Rauheitswerten auf der gesamten Bauteiloberfläche angestrebt wird, könnten so bspw. bestimmte Oberflächenbereiche auch gezielt aufgeraut werden, um anwendungsspezifisch lokal die Reibungskoeffizienten zu vergrößern. Alternativ könnten bereits im LPBF-Prozess lokal Oberflächenstrukturen eingebracht werden um bspw. die Strömungseigenschaften von Bauteilen aus der Automobil- oder Turbomaschinenbranche gezielt zu beeinflussen [101]. Zudem kann durch eine individuelle Konturbearbeitung die Gesamtproduktivität vergrößert werden: Insbesondere bei der derzeit noch im Rahmen von Forschungsaktivitäten untersuchten Bearbeitung der Bauteilkontur mit gepulst-modulierter Laserstrahlung resultieren oftmals relativ lange Prozesszeiten aus der relativ geringen Scangeschwindigkeiten von z.T. weniger als 100 mm/s [75, 102]. Durch eine selektive Konturbelichtung könnten diese Produktivitätseinbußen reduziert werden, da nicht mehr das gesamte Bauteil mit einer Konturbelichtung bearbeitet werden müsste, sondern nur die Oberflächenbereiche, in denen eine hohe Oberflächengüte wirklich notwendig ist.

7.2.2 Turbinenschaufelsegment

Zur Anwendung der adaptiven Prozessführung mit lokaler Leistungsanpassung im Spurverbund wird der in Bild 95 markierter Ausschnitt einer Turbinenschaufel gefertigt.

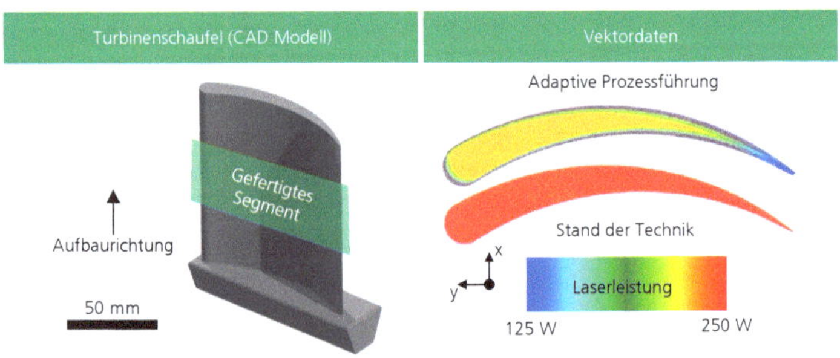

Bild 95: CAD-Modell des gefertigten Turbinensegments und Scanvektordaten konstanter Leistung und adaptiver Prozessführung

Dazu wird einerseits der Standardparametersatz sowie der in Kapitel 6.1 identifizierte Parametersatz mit dynamischer Anpassung von Laserleistung und Spurabstand verwendet. Neben dem Spurwechselbereich wird dabei insbesondere an der filigranen Spitze der Turbinenschaufel mit einer lokalen Leistungsanpassung gearbeitet. Zudem wird in diesem Bereich mit Scanvektorlängen von weniger als 1,5 mm zusätzlich eine Reduzierung des Spurabstands eingesetzt. Bereits während der Fertigung können die Auswirkungen, die eine Verwendung des Standardparameters mit konstanter Laserleistung in bestimmten Bauteilbereichen hat, beobachtet werden. In Bild 96 sind Aufnahmen der Prozesszone während der Fertigung der Demonstratoren vor und nach der Beschichtung dargestellt.

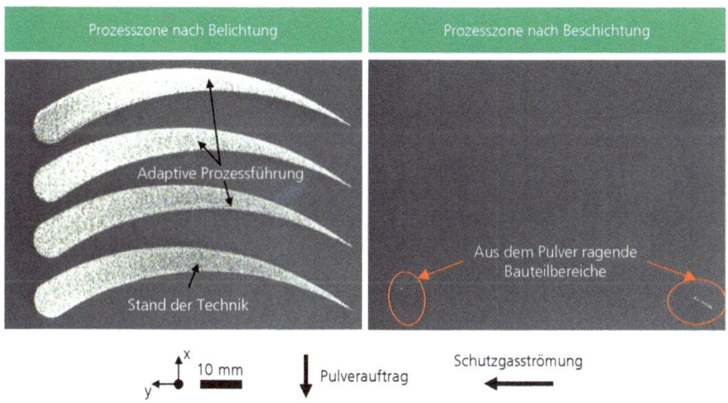

Bild 96: Aufnahmen der Prozesszone bei Fertigung der Ausschnitte der Turbinenschaufel nach der Belichtung (links) und nach dem folgenden Pulverauftrag (rechts) in Schicht 130

Beim Demonstrator aufgebaut mit Stand der Technik Prozessführung ragt insbesondere im filigranen Bereich an der Spitze der Turbinenschaufel ein Teil des Bauteils auf einer Länge von ca. 4 mm auch nach dem Pulverauftrag deutlich sichtbar aus dem Pulverbett. Die lokalen Überhöhungen überschreiten an dieser Position offensichtlich die Pulverschichtstärke. Die lokalen Überhöhungen erweisen sich jedoch nicht als derartig schwerwiegend, dass ein Abbruch des Bauvorgangs des entsprechenden Bauteils notwendig ist. Aufgrund der Positionierung des Bauteils ergibt sich auch keine Beeinflussung des Pulverauftrags der übrigen Bauteile.

In Bild 97 sind neben eines Lichtbilds der Bauplattform mit den gefertigten Turbinenschaufelsegmenten lichtmikroskopische Aufnahmen sowie Höhenprofile in Falschfarbendarstellung der Spitzen der Turbinenschaufelsegmente mit adaptiver Prozessführung bzw. mit Prozessführung nach Stand der Technik dargestellt.

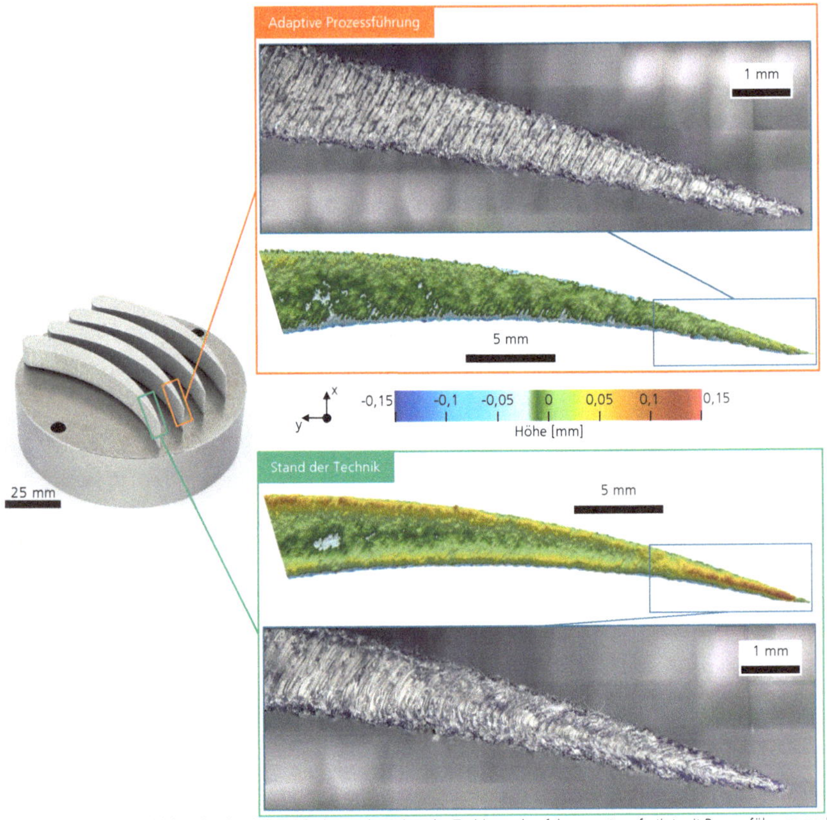

Bild 97: Höhenprofile und lichtmikroskopische Aufnahmen der Spitze des Turbinenschaufelsegments gefertigt mit Prozessführung nach Stand der Technik und adaptiver Prozessführung

Bei Verwendung der Prozessführung nach Stand der Technik (Bild 97 unten) mit konstanter Laserleistung und Spurabstand ergeben sich in der Spitze des Turbinenschaufelsegments die charakteristischen, sichelförmig entgegen der Vorschubrichtung versetzt erstarrten Schmelzspuren, die auf eine lokale Vergrößerung der Schmelzbadbreite durch Überhitzung hindeuten. Im Höhenprofil ergeben sich Materialüberhöhungen im Spurwechselbereich von ca. 45 µm sowie im Bereich der Spitze der Turbinenschaufel von bis zu 150 µm. Durch die adaptive Prozessführung (Bild 97 oben) können die lokalen Überhöhungen dagegen weitgehend vermieden werden. An der Spitze der Turbinenschaufel ergeben sich leichte Überhöhungen von ca. 15 µm an vereinzelten Stellen. Überhöhungen im Spurwechselbereich sind nur vereinzelt erkennbar. Die Charakteristik der Schmelzspuren zeigt keine sichelförmige Erstarrung, sondern weitgehend parallel zu den Scanvektoren verlaufende Schmelzspurkanten. Die Übertragung der adaptiven Prozessführung auf ein komplexes Bauteil kann somit erfolgreich demonstriert werden.

7.2.3 Demonstratoren für Überhangstrukturen

Zur Übertragung der Strategien zur stützenfreien Fertigung werden drei Demonstratoren gefertigt (Bild 98). Als komplexer Demonstrator wird eine bionische Halterung gefertigt (Bild 98, mitte). Das Bauteil verfügt über einen ca. 80 mm langen Bereich mit Überhangwinkeln zwischen 10° und 15° und ist nach Stand der Technik bisher nur unter Verwendung von Stützstrukturen fertigbar. Zudem werden Überhangprobekörper mit verschiedenen Winkeln mit einer Überhanglänge von 60 mm (Bild 98, links) sowie ein segmentierter Überhangprobekörper mit einer Überhangbreite von 20 mm und einem Überhangwinkel von 20° gefertigt (Bild 98, rechts).

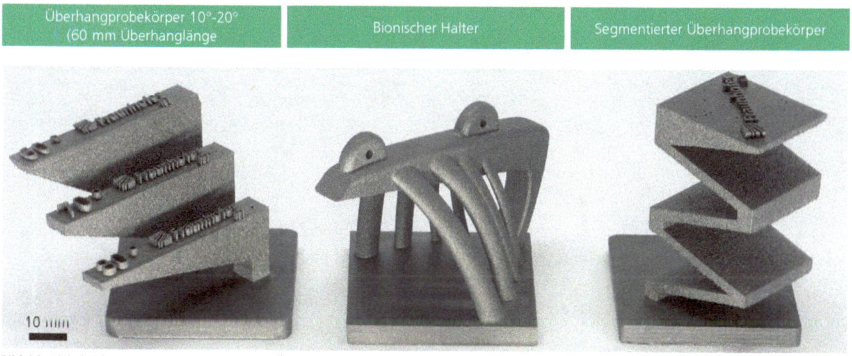

Bild 98: Lichtbilder von Demonstratoren für Überhangstrukturen mit Überhangwinkeln zwischen 10° und 20°

Die Fertigung der Bauteile erfolgt mit der in Kapitel 6.2 beschriebenen Vergrößerung der Steifigkeit in Verbindung mit dem thermischen Homogenisieren. Die Fertigung der Probekörper erfolgt ohne während des Bauprozesses auf CMOS-Bildern der Prozesszone messbaren Verzug.

8 Zusammenfassung und Ausblick

Die additive Fertigung mittels LPBF ermöglicht die schichtweise Herstellung komplexer metallischer Bauteile. Das Verfahren zeichnet sich dabei im Vergleich zur konventionellen Fertigung insbesondere durch die prinzipbedingten Freiheiten im Bauteildesign aus, die neuartige Möglichkeiten bei der Umsetzung innovativer Konstruktionslösungen bieten. In Bezug auf den LPBF-Fertigungsprozess resultiert daraus, dass aufgrund der großen Bandbreite möglicher Anwendungsfälle und damit einhergehender geometrischer Vielfalt nicht nur jedes Bauteil, sondern im Wesentlichen jede einzelne gefertigte Bauteilschicht als eine neuartige Fertigungsaufgabe angesehen werden kann. Die nach derzeitigem Stand der Technik genutzten LPBF-Prozessführungsstrategien berücksichtigen dabei allerdings die geometrischen Charakteristika der zu fertigenden Bauteile nur in einem sehr geringen Maße: Wesentliche Bereiche des Bauteils werden mit im Vorfeld an geometrisch primitiven Probekörpern qualifizierten Prozessparametern ohne Berücksichtigung der geometrischen Charakteristika des Bauteils gefertigt. Dies resultiert in geometrieabhängigen Veränderungen des Schmelzbads und dadurch in Einschränkungen in der Bauteilqualität und der Prozessrobustheit. Zudem sind unter Verwendung konventioneller Prozessführungsstrategien aufgrund innerer Spannungen im Bauteil und daraus resultierendem Verzug ab einem kritischen Überhangwinkel von 45° typischerweise Stützstrukturen notwendig, die eine wesentliche Einschränkung der prinzipbedingten Designfreiheit des Verfahrens darstellen und zudem den Nachbearbeitungsaufwand vergrößern. Weiterhin besteht ein wesentlicher Nachteil des Verfahrens in der relativ geringen Aufbaurate. In der vorliegenden Arbeit werden die Defizite der konventionellen Prozessführung aufgezeigt und auf dieser Basis am Beispiel der Titanlegierung TiAl6V4 Ansätze für eine adaptive Prozessführung entwickelt.

In Bezug auf die Spezifizierung der Defizite der im Rahmen der Arbeit betrachteten thematischen Schwerpunkte Belichtung im Spurverbund, stützenfreie Fertigung von Überhangstrukturen sowie Aufbaurate ergeben sich folgende Erkenntnisse bei Verwendung der konventionelle LPBF-Prozessführung:

Bei der Belichtung von Spuren im Spurverbund ergeben sich lokale Materialüberhöhungen von bis zu 60 µm, die damit zum Teil die Schichtstärke von 40 µm überschreiten und in Abhängigkeit von der Bauteilposition im Bauraum eine Kollision mit dem Beschichter erfahren können. Weiterhin ergeben sich sowohl im Spurwechselbereich von massiven Bauteilbereichen sowie insbesondere in filigranen Bauteilbereichen mit Scanvektorlängen kleiner als 1,5 mm nicht nur lokale Überhöhungen, sondern ebenfalls eine reduzierte Auflösung durch geometrieabhängige, lokale Vergrößerungen des Schmelzbads um bis zu 140 % im Vergleich zu Schmelzbädern ohne Beeinflussung durch einen Vorheizeffekt durch benachbarte Spuren. Eine in der Literatur beschriebene Bildung von Poren durch eine Überhitzung des Schmelzbads kann im Rahmen der Arbeit nicht nachgewiesen werden. Als wesentliche Ursachen für die beschriebenen Einbußen in der Qualität des Spurverbunds werden die Umgebungsbedingungen der Schmelzspuren (pulverförmiges oder bereits umgeschmolzenes, festes Material) sowie die zeitliche und örtliche Abfolge der Belichtung und die daraus resultierende Temperaturverteilung identifiziert. Während die Umgebungsbedingungen der Schmelzspur insbesondere die Menge an im Schmelzbad gelösten Material und die Benetzungsbedingungen der Spur beeinflussen, ergeben sich aus der Temperaturverteilung lokale Überhitzungen mit entsprechender Beeinflussung der Schmelzbadgeometrie und daraus resultierenden Auswirkungen auf die Morphologie des Spurverbunds.

Bei der Fertigung von Überhangstrukturen können Probekörper mit einem Überhangwinkel kleiner 40° sowohl mit Standardparametern als auch mit speziell angepassten Überhangparametern nicht verzugsfrei gefertigt werden. Dabei kann im Gegensatz zu Angaben in der Literatur kein direkter Zusammenhang zwischen einer Verkleinerung des Energieeintrags und einer Verkleinerung des Verzugs bei kleinen Überhangwinkeln festgestellt werden.

Bei der Untersuchung der Aufbaurate ergeben sich Grenzen hinsichtlich der Aussagekraft der typischerweise zur Bewertung der Produktivität des LPBF-Prozesses eingesetzten theoretischen Aufbaurate. Auf dieser Basis wird mit der realen Aufbaurate eine neue Berechnungsvorschrift hergeleitet, mit der die Nebenzeiten innerhalb des optischen Systems (Sprungvorgänge, Skywriting, Delays) berücksichtigt werden können. Dabei kann gezeigt werden, dass die reale Aufbaurate von der Bauteilgeometrie bzw. spezifisch von der Scanvektorlänge abhängig ist und sich mit Verkleinerung der Scanvektorlänge aufgrund eines zunehmenden Einflusses der Nebenzeiten ebenfalls die reale Aufbaurate reduziert.

Als Maßnahmen, um den identifizierten Defiziten mittels einer adaptiven LPBF-Prozessführung zu begegnen werden daraufhin

- die lokale Anpassung der Laserleistung zur Vermeidung der geometrieabhängigen Qualitätsschwankungen im Spurverbund und die Anpassung der Prozessparameter der ersten Schmelzspur innerhalb des Spurverbunds,
- die Anwendung von Reduktionsverfahren zur Unterdrückung bzw. Vermeidung von Verzug in Analogie zur Schweißtechnik zur Fertigung von Überhangstrukturen
- sowie die Analyse der realen Aufbaurate hinsichtlich der Auswirkungen einer Vergrößerung der einzelnen Prozessparameter und die Demonstration eines Ansatzes zur Vergrößerung der realen Aufbaurate abgeleitet.

Zur Umsetzung der Ansätze zur adaptiven Prozessführung sind zunächst Anpassungen an der Anlagen- und Steuerungstechnik notwendig, die die Charakterisierung der Laserstrahlquelle und des optischen Systems sowie der RTC-Steuerungskarte, die Definition eines tauglichen Datenformats und die Entwicklung einer Skywriting-äquivalenten Beschleunigungskompensation umfassen. Eine Veränderung der Hardware erfolgt dabei nicht, um die im Rahmen der Arbeit entwickelten neuartigen Ansätze zur adaptiven Prozessführung möglichst flexibel auf beliebige LPBF-Anlagen übertragen zu können.

Durch die lokale Anpassung der Laserleistung für Scanvektorlängen größer 1,5 mm können die gemittelten lokalen Überhöhungen im Spurwechselbereich ausgehend vom Standardparameter von 22 µm auf 8 µm verkleinert werden. Dazu wird die Laserleistung innerhalb einer Strecke von 1,5 mm ausgehend vom Beginn der Belichtung von einer Startleistung von 125 W linear auf die Leistung des Standardparameters von 250 W vergrößert. Da eine direkte Übertragung der adaptiven Leistungsanpassung auf relativ kurze Scanvektoren (kleiner 1,5 mm) nicht zu einem geschlossenen Spurverbund führt, wird in diesem Fall neben der lokalen Leistungsanpassung zusätzlich eine Anpassung des Spurabstands in Abhängigkeit der Scanvektorlänge durchgeführt. Dabei wird der Spurabstand zwischen einer Scanvektorlänge von 0,25 mm und 1,5 mm zwischen 0,08 mm und 0,12 mm variiert, um auch bei relativ geringen Leistungen bzw. kurzen Scanvektoren eine Überlappung der Schmelzspuren sicherzustellen und gleichzeitig eine übermäßige Verbreiterung des Schmelzbads und damit einen Verlust der Auflösung in filigranen Bauteilbereichen zu vermeiden. Durch eine Veränderung der Scanreihenfolge zur Anpassung der Benetzungsbedingungen kann zudem die Überhöhung im Bereich der ersten Schmelzspur des Spurverbunds um 40 % verkleinert und eine im Vergleich zum Stand der Technik homogenere Morphologie der ersten Spur des Spurverbunds erreicht werden. Eine vollständige Vermeidung der lokalen Überhöhungen im Bereich der freien Spur ist mit den untersuchten Strategien jedoch nicht möglich.

Bei der Fertigung von Überhangstrukturen wird zur Unterdrückung des Verzugs eine Vergrößerung der Steifigkeit durch die Vergrößerung der Schichtstärke sowie zur Verkleinerung der inneren Spannungen und Vermeidung des Verzugs das thermische Homogenisieren durch eine Vergrößerung der Scangeschwindigkeit bei gleichzeitiger Verkleinerung des Spurabstands untersucht. Durch den Einsatz der beiden Reduktionsverfahren kann jeweils die Fertigung von Überhangprobekörpern mit einer Breite von 10 mm und einer Überhanglänge von 40 mm bis zu einem Winkel von 15° verzugsfrei durchgeführt werden. Durch die Kombination beider Reduktionsverfahren können Probekörper mit einem Winkel von 10° und einer Länge von 40 mm sowie Überhangprobekörper mit einer Länge von 10 mm mit einem Überhangwinkel von 5° gefertigt werden. Die maximale Überhangbreite bei einem Winkel von 10° beträgt 15 mm. Der Abstand zum Pulverbett, in dem eine Anpassung der Überhangparameter erfolgen muss, beträgt 6 mm. Durch die Anpassung der Prozessparameter ergibt sich im Überhangbereich zunächst eine Vergrößerung der Porosität mit einer relativen Dichte von 97,6 %. Durch den entwickelten Lösungsansatz einer Anpassung der Laserleistung in Abhängigkeit des Abstands zum Pulverbett können Probekörper mit einer relativen Dichte von 99,9 % gefertigt werden.

Bei der Untersuchung des Einflusses der Prozessparameter Schichtstärke, Spurabstand und Scangeschwindigkeit auf die effektive Vergrößerung der realen Aufbaurate ergeben sich signifikante Unterschiede im Wirkungsgrad: Während sich durch eine Vergrößerung der Schichtstärke ein Wirkungsgrad von 100 % und durch die Vergrößerung des Spurabstands ein Wirkungsgrad von mindestens 97 % ergibt, resultiert eine Vergrößerung der Scangeschwindigkeit nur in einem mittleren Wirkungsgrad von 62,4 %. Zur Vergrößerung der Aufbaurate durch eine adaptive Prozessführung wird die dynamische Anpassung des Spurabstands in Verbindung mit einer Vergrößerung des Laserstrahldurchmessers und einer Vergrößerung der Laserleistung untersucht. Dadurch kann ohne eine Vergrößerung der Porosität eine Vergrößerung der realen Aufbaurate um ca. 24 % realisiert werden.

Mittels des zur Anwendungserprobung entwickelten Demonstrators einer Datenaufbereitungssoftware können die im Rahmen der Arbeit entwickelten Ansätze zur adaptiven Prozessführung auf komplexe Bauteile übertragen werden. Zudem wird mit der Software erstmals die Zuweisung anwenderspezifischer Konturparametern zur individuellen Anpassung der Oberflächenqualität demonstriert.

Die Ansätze zur adaptiven Prozessführung werden in der vorliegenden Arbeit exemplarisch an der Titanlegierung TiAl6V4 demonstriert. In zukünftigen Arbeiten bietet sich in diesem Zusammenhang die Übertragung auf andere Werkstoffe an: Einerseits um die Werkstoffvielfalt und damit die Attraktivität für den industriellen Einsatz der neuartigen Prozessführung zu steigern und andererseits, um bspw. den Einfluss der Werkstoffeigenschaften (z.B. Wärmeleitfähigkeit) auf die Schmelzbaddynamik zu untersuchen und das Verständnis für den LPBF-Prozess zu vergrößern. In Bezug auf eine Vergrößerung der Aufbaurate sind zukünftig ebenfalls Ansätze zur dynamischen Anpassung der Schichtstärke denkbar, indem jede Bauteilschicht geometrieabhängig in unterschiedliche Zonen mit unterschiedlicher Schichtstärken unterteilt wird. Auf technischer Ebene ist in Kooperation mit Anbietern kommerzieller LPBF-Anlagen die Implementierung der adaptiven Prozessführung in kommerziellen LBPF-Anlagen zu prüfen. In diesem Zusammenhang ist auch die Entwicklung und Erprobung einer robusten Datenaufbereitungssoftware notwendig, deren Grundlage in dieser Arbeit bereits präsentiert wird. Perspektivisch ergibt sich zudem die Möglichkeit die adaptive Prozessführung mit Systemen zur Prozessbeobachtung zu kombinieren: So könnten bspw. die zugrundeliegenden Regeln zur Parameteranpassung auf Basis der Prozessbeobachtungsdaten sukzessive angepasst und verbessert werden. Während im Rahmen der vorliegenden Arbeit die Sicherstellung einer möglichst gleichbleibenden Bauteilqualität angestrebt wird, können die vorgestellten Ansätze auch weiterentwickelt werden , um im Hinblick auf aktuelle Trendthemen wie Digitale Materialien eine gezielte lokale Einstellung der Material- bzw. Bauteileigenschaften (z.B. Porosität oder Gefügestrukturen) zu realisieren.

9 Kurzzusammenfassung/Abstract

Kurzzusammenfassung

Beim Laser Powder Bed Fusion (LPBF)-Verfahren werden metallische Bauteile schichtweise durch das selektive Umschmelzen von Metallpulver mittels Laserstrahlung gefertigt. Während aufgrund des additiven Fertigungsprinzips theoretisch Bauteile von nahezu unbegrenzter Komplexität herstellbar sind, sind die konventionellen LPBF-Prozessführungsstrategien nach Stand der Technik relativ statisch und berücksichtigen nicht die zu fertigende Bauteilgeometrie. Dies resultiert in der Praxis in lokal variierenden Prozessbedingungen mit Defiziten in Bauteilqualität und Prozessrobustheit, Einschränkungen in der Designfreiheit wie z.B. die Notwendigkeit von Stützstrukturen sowie einer relativ kleinen Aufbaurate. In der vorliegenden Arbeit werden die Defizite der konventionellen Prozessführung aufgezeigt und auf dieser Basis am Beispiel der Titanlegierung TiAl6V4 Ansätze für eine adaptive Prozessführung, wie z.B. eine lokale und geometrieabhängige Anpassung der Laserleistung, entwickelt. Zudem werden die notwendigen Anpassungen an der Anlagen- und Steuerungstechnik identifiziert und umgesetzt. Durch die Entwicklung eines Software-Demonstrators zur Generierung der Baudaten mit adaptiver Prozessführung wird letztlich die Übertragbarkeit der adaptiven LPBF-Prozessführung auf komplexe Bauteile demonstriert.

Abstract

In the Laser Powder Bed Fusion (LPBF) process, metallic components are manufactured layer by layer by selectively melting metal powder using laser radiation. While the additive manufacturing principle theoretically makes it possible to produce components of almost unlimited complexity, conventional LPBF process control strategies according to the state of the art are relatively static and do not take into account the component geometry to be produced. In practice, this results in locally varying process conditions with deficits in part quality and process robustness, limitations in design freedom such as the need for support structures, and a relatively low build rate. In the present work, the deficits of conventional process control are pointed out. On this basis, approaches for adaptive process control, such as local and geometry-dependent adaptation of the laser power, are developed using the example of the titanium alloy TiAl6V4. In addition, the necessary adaptations to the machine- and control technology are identified and implemented. The transferability of the adaptive LPBF process control to complex components is demonstrated by the development of a software demonstrator for generating the build data with adaptive LPBF process control.

10 Literaturangaben

[1] Damian Jeger: Digitalisierung – wie ein Megatrend die Wirtschaft verändert, 2015. https://www.digitalbusiness-cloud.de/digitalisierung-wie-ein-megatrend-die-wirtschaft-veraendert/, abgerufen am: 20.10.2021

[2] Lena Papasabbas: Der wichtigste Megatrend unserer Zeit, 2019. https://www.zukunftsinstitut.de/artikel/der-wichtigste-megatrend-unserer-zeit/, abgerufen am: 20.08.2021

[3] Ternès, A., Towers, I. u. Jerusel, M.: Konsumentenverhalten im Zeitalter der Mass Customization. Trends: Individualisierung und Nachhaltigkeit. Essentials. Wiesbaden: Springer Gabler 2015

[4] Carolin Seidel: BMW Group plant Campus für additive Fertigung: Neuer Standort bündelt künftig Technologiekompetenz zu industriellen 3D-Druckverfahren, München 2018. https://www.press.bmwgroup.com/deutschland/article/detail/T0280159DE/bmw-group-plant-campus-fuer-additive-fertigung:-neuer-standort-buendelt-kuenftig-technologiekompetenz-zu-industriellen-3d-druckverfahren, abgerufen am: 05.06.2021

[5] 3druck.com: GE Aviation feiert 30.000ste 3D-gedruckte Kraftstoffdüse, 2018. https://3druck.com/veranstaltungen/ge-aviation-feiert-30-000ste-3d-gedruckte-kraftstoffduese-3076263/, abgerufen am: 19.04.2021

[6] AMFG - Autonomous Manufacturing: 10 der größten Herausforderungen bei der Skalierung der additiven Fertigung für die Produktion. Expertenrunde, 2020. https://amfg.ai/de/2020/01/12/10-der-groessten-herausforderungen-bei-der-skalierung-der-additiven-fertigung-fuer-die-produktion-expertenrunde/, abgerufen am: 19.04.2021

[7] Stefan Guggenberger: BMW setzt auf Additive Fertigung. Interview, 2020. https://www.mission-additive.de/bmw-setzt-auf-additive-fertigung-a-904966/, abgerufen am: 20.09.2021

[8] additive - Das Magazin für die additive Fertigung: 3D-Druck für die industrielle Massenproduktion, 2021. https://additive.industrie.de/additive-serienfertigung/3d-druck-fuer-die-industrielle-massenproduktion/, abgerufen am: 12.08.2021

[9] Möhrle, M., Müller, J. u. Emmelmann, C.: Industrialisierungsstudie Additive Fertigung – Herausforderungen und Ansätze. RTe journal (2017) 14

[10] Meiners, W.: Direktes selektives Laser Sintern einkomponentiger metallischer Werkstoffe, RWTH Aachen Dissertation. Aachen 1999

[11] SLM Solutions Group AG: Peak Productivity: SLM Solutions launches 12-Laser Machine, Lübeck 2020. https://www.slm-solutions.com/company/news/detail/peak-productivity-slm-solutions-launches-12-laser-machine/, abgerufen am: 27.10.2021

[12] Leo Breu: Concept Laser ermöglicht 3D-Druck mit Metall für große Teile, 2016. https://www.produktion.de/technik/concept-laser-ermoeglicht-3d-druck-mit-metall-fuer-grosse-teile-106.html, abgerufen am: 21.06.2021

[13] Additive Industries B.V.: MetalFAB-420. Entry level product, highly productive performance, 2021. https://www.additiveindustries.com/products/420mmplatform, abgerufen am: 20.08.2021

[14] EOS GmbH: Überwachung & Qualitätssicherung für den industriellen 3D-Druck, 2021. https://www.eos.info/de/additive-fertigung/software-3d-druck/monitoring-software-am#meltpool, abgerufen am: 01.10.2021
[15] TRUMPF GmbH + Co. KG: TruPrint 1000 Green Edition. 3D-Druck von Reinkupfer durch die einzigartige Kombination von grünem Laserlicht und Additive Manufacturing System. https://www.trumpf.com/de_DE/produkte/maschinen-systeme/additive-fertigungssysteme/truprint-1000-green-edition/, abgerufen am: 17.04.2021
[16] Marc Saunders: Design for metal AM - a beginner's guide, 2017. https://www.renishaw.com/en/design-for-metal-am-a-beginners-guide--43333, abgerufen am: 15.09.2021
[17] VDI 3405:2014-12. *VDI3405 - Additive Fertigungsverfahren. Grundlagen, Begriffe, Verfahrensbeschreibungen*
[18] Materialise NV: Build Prcessor Version 3.0. Trumpf. Materialise NV
[19] Materialise NV: Build Processor Version 3.2. SLM-Solutions. Materialise NV
[20] EOSPRINT 2.2 - Datenaufbereitungssoftware für Laser-Sinter-Systeme. Handbuch, EOS GmbH, 2017
[21] EOSINTM 270 / PSW 3.2. Handbuch, EOS GmbH, 2006
[22] Installation und Inbetriebnahme RTC5 PC-Interfacekarte. Handbuch, Scanlab AG, 2012
[23] RAYLASE GmbH: SP-ICE-3. Steuerkarte für Laser und Ablenkeinheiten. 2018
[24] Eibl, F.: Laser powder bed fusion of stainless steel with high power multi-diode-laser-array, RWTH Aachen Dissertation. Aachen 2017
[25] SLM Solutions Group AG (Hrsg.): Large Format Selective Laser Melting. SLM800 Produktbroschüre
[26] EOS GmbH: EOS M 300 Serie. Produktborschüre. 2019
[27] Yadroitsev, I.: Selective laser melting. Direct manufacturing of 3D-objects by selective laser melting of metal powders. Saarbrücken: Lambert Acad. Publ 2009
[28] Scipioni Bertoli, U., Wolfer, A. J., Matthews, M. J., Delplanque, J.-P. R. u. Schoenung, J. M.: On the limitations of Volumetric Energy Density as a design parameter for Selective Laser Melting. Materials & Design 113 (2017)
[29] Caiazzo, F., Alfieri, V. u. Casalino, G.: On the Relevance of Volumetric Energy Density in the Investigation of Inconel 718 Laser Powder Bed Fusion. Materials (Basel, Switzerland) 13 (2020)
[30] Ciurana, J., Hernandez, L. u. Delgado, J.: Energy density analysis on single tracks formed by selective laser melting with CoCrMo powder material. The International Journal of Advanced Manufacturing Technology 68 (2013)
[31] Guo, Q., Zhao, C., Qu, M., Xiong, L., Escano, L. I., Hojjatzadeh, S. M. H., Parab, N. D., Fezzaa, K., Everhart, W., Sun, T. u. Chen, L.: In-situ characterization and quantification of melt pool variation under constant input energy density in laser powder bed fusion additive manufacturing process. Additive Manufacturing 28 (2019)
[32] Yang, K. V., Rometsch, P., Jarvis, T., Rao, J., Cao, S., Davies, C. u. Wu, X.: Porosity formation mechanisms and fatigue response in Al-Si-Mg alloys made by selective laser melting. Materials Science and Engineering: A 712 (2018)

[33] Cao, S., Chen, Z., Lim, C. V. S., Yang, K., Jia, Q., Jarvis, T., Tomus, D. u. Wu, X.: Defect, Microstructure, and Mechanical Property of Ti-6Al-4V Alloy Fabricated by High-Power Selective Laser Melting. JOM 69 (2017)
[34] Chandrasekhar, S.: Hydrodynamic and Hydromagnetic Stability. Dover books on mathematics. New York: Dover Publications Inc 2013
[35] Yadroitsev, I., Krakhmalev, P., Yadroitsava, I., Johansson, S. u. Smurov, I.: Energy input effect on morphology and microstructure of selective laser melting single track from metallic powder. Journal of Materials Processing Technology 213 (2013) 4
[36] Yadroitsev, I., Gusarov, A., Yadroitsava, I. u. Smurov, I.: Single track formation in selective laser melting of metal powders. Journal of Materials Processing Technology 210 (2010) 12
[37] Li, R., Liu, J., Shi, Y., Wang, L. u. Jiang, W.: Balling behavior of stainless steel and nickel powder during selective laser melting process. The International Journal of Advanced Manufacturing Technology 59 (2012) 9-12
[38] Khairallah, S. A., Anderson, A. T., Rubenchik, A. u. King, W. E.: Laser powder-bed fusion additive manufacturing: Physics of complex melt flow and formation mechanisms of pores, spatter, and denudation zones. Acta Materialia 108 (2016)
[39] King, W. E., Anderson, A. T., Ferencz, R. M., Hodge, N. E., Kamath, C., Khairallah, S. A. u. Rubenchik, A. M.: Laser powder bed fusion additive manufacturing of metals; physics, computational, and materials challenges. Applied Physics Reviews 2 (2015) 4
[40] Matthews, M. J., Guss, G., Khairallah, S. A., Rubenchik, A. M., Depond, P. J. u. King, W. E.: Denudation of metal powder layers in laser powder bed fusion processes. Acta Materialia 114 (2016)
[41] Le, T.-N. u. Lo, Y.-L.: Effects of sulfur concentration and Marangoni convection on melt-pool formation in transition mode of selective laser melting process. Materials & Design 179 (2019)
[42] Evren Yasa, Jan Deckers, Tom Craeghs, Mohsen Badrossamay and Jean-Pierre Kruth: Investigation on occurrence of elevated edges in selective laser melting. Solid Freeform Fabrication Symposium (2009)
[43] Schleifenbaum, J. H.: Verfahren und Maschine zur individualisierten Produktion mit High Power Selective Laser Melting, RWTH Aachen Dissertation. Aachen 2012
[44] Yeung, H. u. Lane, B.: A residual heat compensation based scan strategy for powder bed fusion additive manufacturing. Manufacturing Letters 25 (2020)
[45] Pichler, T. u. Schleifenbaum J.: Examination of the LPBF Process by Means of Thermal Imaging for the Development of a Geometric-specific Process Control. Solid Freeform Fabrication 2019: Proceedings of the 30th Annual International Solid Freeform Fabrication Symposium (2019)
[46] Yeung, H., Yang, Z. u. Yan, L.: A meltpool prediction based scan strategy for powder bed fusion additive manufacturing. Additive Manufacturing 35 (2020)
[47] Koutny, D., Palousek, D., Pantelejev, L., Hoeller, C., Pichler, R., Tesicky, L. u. Kaiser, J.: Influence of Scanning Strategies on Processing of Aluminum Alloy EN AW 2618 Using Selective Laser Melting. Materials (Basel, Switzerland) 11 (2018) 2
[48] Jitka Metelkova, Charlotte de Formanoir, Han Haitjema, Ann Witvrouw, Wilhelm Pfleging u. Brecht Van Hooreweder: Elevated edges of metal parts produced by laser powder bed fusion:

characterization and post-process correction. Joint Special Interest Group meeting between euspen and ASPE (2019)
[49] Grasso, M. u. Colosimo, B. M.: Process defects and in situ monitoring methods in metal powder bed fusion: a review. Measurement Science and Technology 28 (2017) 4
[50] Criales, L. E., Arısoy, Y. M., Lane, B., Moylan, S., Donmez, A. u. Özel, T.: Laser powder bed fusion of nickel alloy 625: Experimental investigations of effects of process parameters on melt pool size and shape with spatter analysis. International Journal of Machine Tools and Manufacture 121 (2017)
[51] Krauss, H.: Qualitätssicherung beim Laserstrahlschmelzen durch schichtweise thermografische In-Process-Überwachung, TU München Dissertation. München 2016
[52] Pavlov, M., Doubenskaia, M. u. Smurov, I.: Pyrometric analysis of thermal processes in SLM technology. Physics Procedia 5 (2010)
[53] Criales, L. E., Arısoy, Y. M., Lane, B., Moylan, S., Donmez, A. u. Özel, T.: Predictive modeling and optimization of multi-track processing for laser powder bed fusion of nickel alloy 625. Additive Manufacturing 13 (2017)
[54] Parry, L. A., Ashcroft, I. A. u. Wildman, R. D.: Geometrical effects on residual stress in selective laser melting. Additive Manufacturing 25 (2019)
[55] Hooper, P. A.: Melt pool temperature and cooling rates in laser powder bed fusion. Additive Manufacturing 22 (2018)
[56] Jauer, L.: Laser Powder Bed Fusion von Magnesiumlegierungen, RWTH Aachen Dissertation. Aachen 2018
[57] Martin, A. A., Calta, N. P., Khairallah, S. A., Wang, J., Depond, P. J., Fong, A. Y., Thampy, V., Guss, G. M., Kiss, A. M., Stone, K. H., Tassone, C. J., Nelson Weker, J., Toney, M. F., van Buuren, T. u. Matthews, M. J.: Dynamics of pore formation during laser powder bed fusion additive manufacturing. Nature communications 10 (2019) 1
[58] Zhang, B., Ziegert, J., Farahi, F. u. Davies, A.: In situ surface topography of laser powder bed fusion using fringe projection. Additive Manufacturing 12 (2016)
[59] Jansen, S.: Generative Fertigung von konturnah temperierten Werkzeugen mittels Selective Laser Melting, RWTH Aachen Dissertation. Aachen 2013
[60] Bayat, M., Thanki, A., Mohanty, S., Witvrouw, A., Yang, S., Thorborg, J., Tiedje, N. S. u. Hattel, J. H.: Keyhole-induced porosities in Laser-based Powder Bed Fusion (L-PBF) of Ti6Al4V: High-fidelity modelling and experimental validation. Additive Manufacturing 30 (2019)
[61] Gordon, J. V., Narra, S. P., Cunningham, R. W., Liu, H., Chen, H., Suter, R. M., Beuth, J. L. u. Rollett, A. D.: Defect structure process maps for laser powder bed fusion additive manufacturing. Additive Manufacturing 36 (2020)
[62] Phutela, C., Aboulkhair, N. T., Tuck, C. J. u. Ashcroft, I.: The Effects of Feature Sizes in Selectively Laser Melted Ti-6Al-4V Parts on the Validity of Optimised Process Parameters. Materials (Basel, Switzerland) 13 (2019) 1
[63] S. Buls , S. Clijsters, J-P Kruth: Homogenizing the melt pool intensity distribution in SLM process through system identification and feedback control. Solid Freeform Fabrication 2014: Proceedings of the 25th Annual International Solid Freeform Fabrication Symposium (2014)
[64] Renken, V., Lübbert, L., Blom, H., Freyberg, A. von u. Fischer, A.: Model assisted closed-loop control strategy for selective laser melting. Procedia CIRP 74 (2018)

[65] Buchbinder, D.: Selective Laser Melting von Aluminiumgusslegierungen, RWTH Aachen Dissertation. Aachen 2013
[66] Robinson, J., Ashton, I., Fox, P., Jones, E. u. Sutcliffe, C.: Determination of the effect of scan strategy on residual stress in laser powder bed fusion additive manufacturing. Additive Manufacturing 23 (2018)
[67] Kleszczynski, S.: Potenziale der bildgestützten Prozessanalyse zur Steigerung des technologischen Reifegrades von Laser-Strahlschmelzverfahren, Universität Duisburg-Essen Dissertation. Duisburg 2018
[68] Gibson, I., Rosen, D. W. u. Stucker, B.: Additive Manufacturing Technologies. Rapid Prototyping to Direct Digital Manufacturing. Boston, MA: Springer Science+Business Media LLC 2010
[69] Cloots, M., Zumofen, L., Spierings, A. B., Kirchheim, A. u. Wegener, K.: Approaches to minimize overhang angles of SLM parts. Rapid Prototyping Journal 23 (2017) 2
[70] Langhorst, M.: Beherrschung von Schweißverzug und Schweißeigenspannungen, TU München Dissertation. München 2015
[71] Strantza, M., Ganeriwala, R. K., Clausen, B., Phan, T. Q., Levine, L. E., Pagan, D. C., Ruff, J.P.C., King, W. E., Johnson, N. S., Martinez, R. M., Anghel, V., Rafailov, G. u. Brown, D. W.: Effect of the scanning strategy on the formation of residual stresses in additively manufactured Ti-6Al-4V. Additive Manufacturing 45 (2021)
[72] Over, C.: Generative Fertigung von Bauteilen aus Werkzeugstahl X38CrMoV5-1 und Titan TiAl6V4 mit "Selective Laser Melting", RWTH Aachen Dissertation. Aachen 2003
[73] Reschetnik, W.: Heat Calculation: Dynamische Prozessführung für die Fertigung mittels SLM Verfahren. 25. Fachtagung Rapid Prototyping. 2020
[74] Di Wang, Yang, Y., Yi, Z. u. Su, X.: Research on the fabricating quality optimization of the overhanging surface in SLM process. The International Journal of Advanced Manufacturing Technology 65 (2013) 9-12
[75] Grünewald, J., Clarkson, P., Salveson, R., Fey, G. u. Wudy, K.: Influence of Pulsed Exposure Strategies on Overhang Structures in Powder Bed Fusion of Ti6Al4V Using Laser Beam. Metals 11 (2021) 7
[76] SLM Solutions Group AG: Free Float. the support-free revolution powered by slm solutions. https://freefloat.slm-solutions.com/, abgerufen am: 01.10.2021
[77] Brian Spink: Innovator's Guide to Metal AM Part Selection. How to Select Parts for VELO3D SupportFree Manufacturing, 2021. https://www.velo3d.com/wp-content/uploads/2021/01/The-Innovators-Guide-to-Metal-AM.pdf, abgerufen am: 05.10.2021
[78] Delva oy: Together we exceed any limitations of 3D printing, 2020. https://delva.fi/en/together-we-exceed-any-limitations-of-3d-printing/, abgerufen am: 01.10.2021
[79] Velo 3D Inc.: Velo3D Releases End-to-End Metal Additive Manufacturing Solution That Innovates Part Designs for Volume Manufacturing, 2018. https://www.velo3d.com/press-releases/velo3d-releases-end-to-end-metal-additive-manufacturing-solution-that-innovates-part-designs-for-volume-manufacturing/, abgerufen am: 14.06.2021
[80] Lui, E. W., Xu, W., Pateras, A., Qian, M. u. Brandt, M.: New Development in Selective Laser Melting of Ti–6Al–4V: A Wider Processing Window for the Achievement of Fully Lamellar α + β Microstructures. JOM 69 (2017) 12

[81] Mohr, G., Scheuschner, N. u. Hilgenberg, K.: In situ heat accumulation by geometrical features obstructing heat flux and by reduced inter layer times in laser powder bed fusion of AISI 316L stainless steel. Procedia CIRP 94 (2020)
[82] Scanlab AG: hurrySCAN 20. Standard Serie. https://www.scanlab.de/de/produkte/scan-systeme/hurryscan/standard-serie/hurryscan-20, abgerufen am: 01.09.2021
[83] Peters, M. (Hrsg.): Titan und Titanlegierungen. Weinheim: Wiley-VCH 2010
[84] PowerMax-Pro USB/RS. User Manual, Coherent Inc., 2015
[85] Saad, Y. u. M Schultz, M.: GMRES: a generalized minimal residual algorithm for solving nonsymmetric linear systems. Siam Journal on Scientific and Statistical Computing 1986
[86] Zienkiewicz, O. C., Zhu, J. Z. u. Taylor, R. L.: The finite element method. Oxford, UK: Butterworth-Heinemann 2013
[87] Laitinen, V., Piili, H., Nyamekye, P., Ullakko, K. u. Salminen, A.: Effect of process parameters on the formation of single track in pulsed laser powder bed fusion. Procedia Manufacturing 36 (2019)
[88] Felix Pastors: Korrelation zwischen Scanvektorlänge und Temperaturverteilung sowie deren Auswirkung auf die Bauteilqualität beim LBM, RWTH Aachen Masterarbeit. Aachen 2018
[89] King, W. E., Barth, H. D., Castillo, V. M., Gallegos, G. F., Gibbs, J. W., Hahn, D. E., Kamath, C. u. Rubenchik, A. M.: Observation of keyhole-mode laser melting in laser powder-bed fusion additive manufacturing. Journal of Materials Processing Technology 214 (2014) 12
[90] Cunningham, R., Zhao, C., Parab, N., Kantzos, C., Pauza, J., Fezzaa, K., Sun, T. u. Rollett, A. D.: Keyhole threshold and morphology in laser melting revealed by ultrahigh-speed x-ray imaging. Science (New York, N.Y.) 363 (2019)
[91] Kidess, A., Kenjereš, S., Righolt, B. W. u. Kleijn, C. R.: Marangoni driven turbulence in high energy surface melting processes. International Journal of Thermal Sciences 104 (2016)
[92] Formanoir, C. de, Paggi, U., Colebrants, T., Thijs, L., Li, G., Vanmeensel, K. u. van Hooreweder, B.: Increasing the productivity of laser powder bed fusion: Influence of the hull-bulk strategy on part quality, microstructure and mechanical performance of Ti-6Al-4V. Additive Manufacturing 33 (2020)
[93] Leicht, A., Fischer, M., Klement, U., Nyborg, L. u. Hryha, E.: Increasing the Productivity of Laser Powder Bed Fusion for Stainless Steel 316L through Increased Layer Thickness. Journal of Materials Engineering and Performance 30 (2021) 1
[94] Schleifenbaum, J. H., Pichler, T. u. Hoppe, B.: Kostenmodell für das Laserstrahlschmelzen: Kosten- und Leistungskennwerte für die additive Fertigung ermitteln und analysieren. wt Werkstattstechnik online (2017) 107
[95] 2008-02. *DIN 1910-100. Schweißen und verwandte Prozesse*
[96] Scipioni Bertoli, U., Guss, G., Wu, S., Matthews, M. J. u. Schoenung, J. M.: In-situ characterization of laser-powder interaction and cooling rates through high-speed imaging of powder bed fusion additive manufacturing. Materials & Design 135 (2017)
[97] TRUMPF GmbH + Co. KG: Option Vorheizung 500 °C: First time right. TruPrint5000. https://www.trumpf.com/de_DE/loesungen/vorteile-trumpf-maschinen/vorteile-additive-fertigungssysteme/500-c-vorheizung/, abgerufen am: 01.10.2021
[98] Fraunhofer-Institut für Lasertechnik ILT: Jahresbericht 2018. VCSEL-Vorwärmung für das Laser Powder Bed Fusion (LPBF). Aachen 2018

[99] Böge, A. u. Böge, G.: Technische Mechanik. Statik - Dynamik - Fluidmechanik - Festigkeitslehre. Viewegs Fachbücher der Technik. Braunschweig: Vieweg 2001

[100] Microsoft Corporation: Visual Basic – Dokumentation, 2021. https://docs.microsoft.com/de-de/dotnet/visual-basic/, abgerufen am: 18.09.2021

[101] Tina Rumpelt: Karosseriekomponenten mit Haihaut-Effekt, 2013. https://www.automobil-industrie.vogel.de/karosseriekomponenten-mit-haihaut-effekt-a-427055/, abgerufen am: 10.09.2021

[102] Bürger, L.: Characterisation of the surface topography of IN718 samples generated by Laser Powder Bed Fusion, RWTH Aachen Dissertation. Aachen 2020

[103] Kenneth C Mills: Recommended values of thermophysical properties for selected commercial alloys. Cambridge England: Woodhead Publishing Limited 2002

[104] Boyer, R., Collings, E. W. u. Welsch, G.: Materials properties handbook. Titanium alloys. Materials Park, Ohio: ASM International 1994

11 Abkürzungen und Formelzeichen

Abkürzung	Bedeutung
bspw.	beispielsweise
bzgl.	bezüglich
u.A.	unter Anderem
vgl.	vergleiche
ca.	circa
CAD	engl.: computer-aided-design
LPBF	Laser Powder Bed Fusion
AM	engl.: Additive Manufacturing
1FC	1st-Time Right-Full Control (Datenformat)
CW-Betrieb	engl.: continuous-wave Betrieb (Laser im Dauerstrich Betrieb)
PW-Betrieb	engl.: pulsed-wave Betrieb (Laser im gepulsten Betrieb)
REM	Rasterelektronenmikroskop
VB .NET	Visual Basic .NET (Bezeichnung der Programmiersprache)
FVM	Flächenvergleichsmaß (Messgröße für das flächenbezogen nach der Beschichtung aus dem Pulverbett ragende Material)
VED	Volumenenergiedichte
SPS	Speicher Programmierbare Steuerung

Formelzeichen	Bedeutung [Einheit]
P_L	Laserleistung [W]
v_S	Scangeschwindigkeit [mm/s]
D_S	Schichtstärke [mm]
Δy_S	Spurabstand [mm]
d_P	Vertikaler Abstand zum Pulver im Überhangbereich [mm]

12 Anhang

12.1 Vorgehensweise

12.1.1 Thermophysikalische Kennwerte für TiAl6V4

Für die im Rahmen der Arbeit durchgeführten Simulationen werden die von Mills und Boyer ermittelten thermophysikalischen Kennwerte für TiAl6V4 herangezogen. Die Liquidustemperatur beträgt T_{liq} = 1650 °C [103], die Solidustemperatur T_{sol} = 1605 °C [104]. Vereinfachend wird eine Schmelztemperatur von T_S = 1622,5 °C angenommen. Die Verdampfungstemperatur wird mit T_{ev} = 2976 °C [104] angegeben. Die im Rahmen der Simulationen verwendeten Kennwerte der temperaturabhängigen Wärmeleitfähigkeit sowie der effektiven spezifischen Wärmekapazität sind in Bild 99 dargestellt.

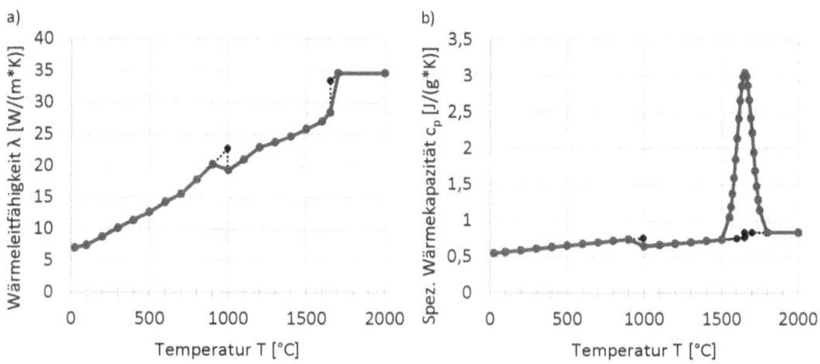

Bild 99: Thermophysikalische Kennwerte TiAl6V4 nach Mills [103] sowie numerisch geglättet
a) Wärmeleitfähigkeit
b) effektive spezifische Wärmekapazität

In Bild 99a ist die Wärmeleitfähigkeit von Ti-6-Al-4 (Festkörper) in Abhängigkeit der Temperatur dargestellt. Für die Durchführung von Simulationen werden aus numerischen Gründen geglättete Kennwerte (blau) gewählt. Die von Mills ermittelten Sprünge (schwarz) bei 995°C und 1650°C sind durch Phasenumwandlungen bzw. das Erreichen der Liquidustemperatur bedingt. Die verwendete effektive spezifische Wärmekapazität von TiAl6V4 ist in Bild 99b abgebildet. Die Schmelzenthalpie von 286 J/g [103] wird dabei normalverteilt mit σ = 50 °C um die Schmelztemperatur von 1622,5 °C umgelegt und zu den Werten der spezifischen Wärmekapazität nach Mills (schwarz) hinzuaddiert. Auch hierbei werden numerisch geglättete Kennwerte (blau) genutzt.

12.1.2 Querschliff eines würfelförmigen Probekörpers unter Verwendung von Standardparametern

Bild 100: Querschliff eines würfelförmigen Probekörpers mit 10 mm Kantenlänge (Standardparameter)

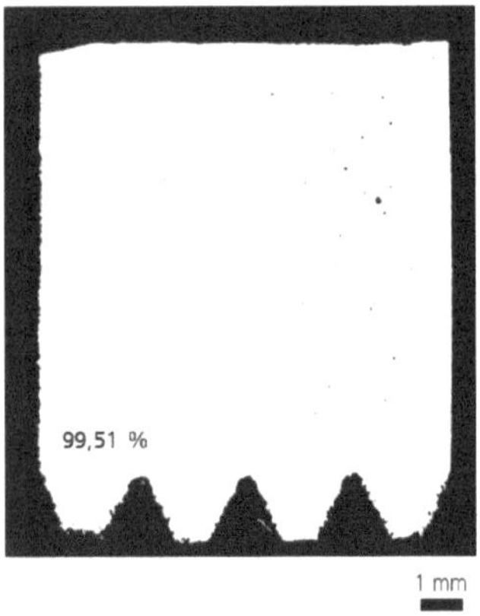

12.1.3 Laserleistungsmessung

Bild 101: Laserleistung in Abhängigkeit der Leistungsvorgabe (0 V bis 10 V)

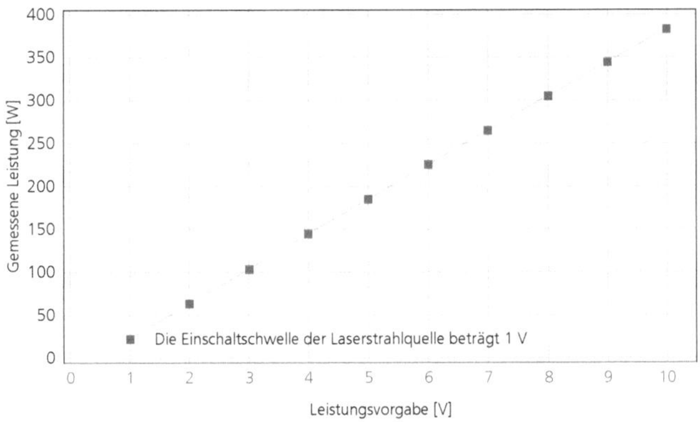

Die Leistungsmessung wird mittels des Leistungsmesskopfs *Coherent PowerMax Pro* durchgeführt. Nach Austritt aus dem optischen System wird die Laserstrahlung direkt in den Leistungsmesskopf eingekoppelt.

12.2 Voruntersuchungen

12.2.1 REM Aufnahmen des Spurwechselbereichs mit Belichtungspause

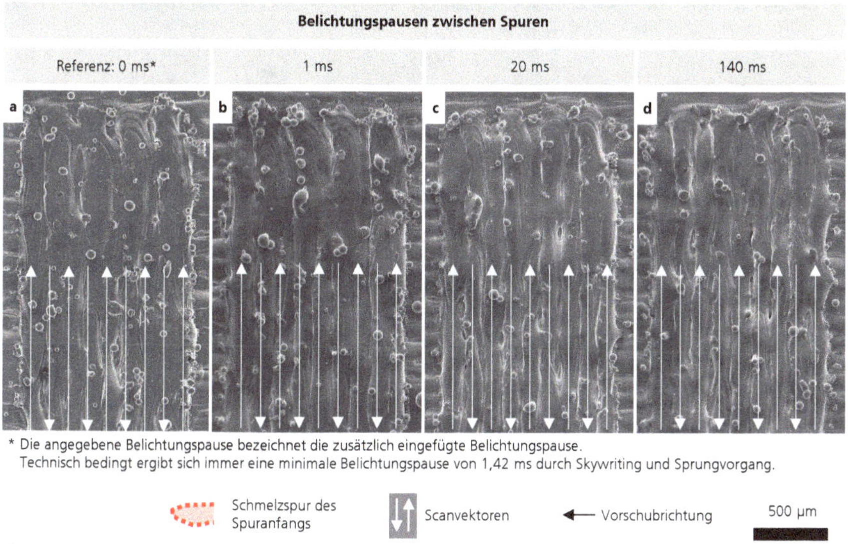

* Die angegebene Belichtungspause bezeichnet die zusätzlich eingefügte Belichtungspause.
Technisch bedingt ergibt sich immer eine minimale Belichtungspause von 1,42 ms durch Skywriting und Sprungvorgang.

Bild 102: REM Aufnahmen des Spurwechselbereichs von Mehrspurversuchen mit verschiedenen Belichtungspausen

12.2.2 REM Aufnahmen von Einzelspuren sowie Schliffbilder mit ungefährer Schmelzbadkontur

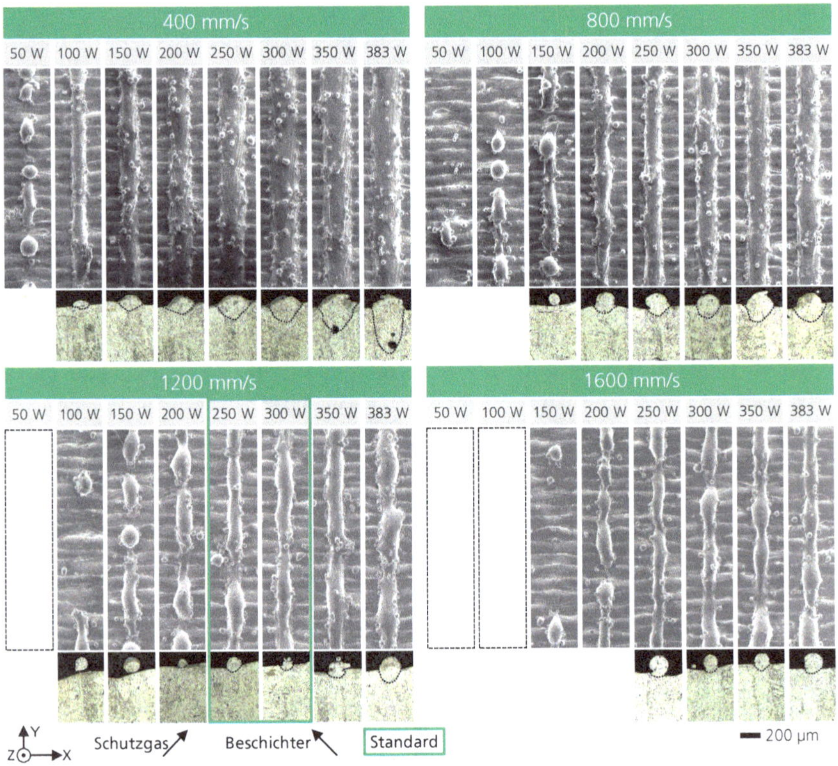

Bild 103: REM-Aufnahmen von Einzelspuren mit zugehörigen Schliffbildern mit ungefährer Schmelzbadkontur

12.3 Anlagen- und Steuerungstechnik

12.3.1 Befehlsliste 1FC-Dateien

In Tabelle 104 sind die mittels des 1FC-Formats umsetzbaren Steuerungsbefehle zur Kontrolle des optischen Systems (Scanner und dynamische Fokussiereinheit) sowie der Laserstrahlquelle aufgeführt. Die Funktion der einzelnen Befehle wird jeweils anhand eines Beispiels erläutert.

Tabelle 104: Tabellarische Auflistung der im 1FC-Format einsetzbaren Steuerungsbefehle

Befehl	Funktion
GO47,11,0	Bewegung zum Punkt 47,11,0 (XYZ) mit angeschaltetem Laser mit Markiergeschwindigkeit
JP-47,-11,0	Bewegung zum Punkt 47,11,0 (XYZ) mit ausgeschaltetem Laser mit Sprunggeschwindigkeit
VG1948	Festlegen der Markiergeschwindigkeit auf 1948 mm/s
VJ6000	Festlegen der Sprunggeschwindigkeit auf 6000 mm/s
LP225	Festlegen der Laserleistung auf 225 W
SP800,200	Festlegen der Pulsparameter: Pulsperiode 800 µs, Pulsweite 200 µs Wenn Pulsweite > Pulsperiode wird der Laser im CW-Modus betrieben
LD1500	Wartezeit von 1500 µs
MO2	Festlegen des Skywriting Modus 2 Alternative Modi: 0 (ausgeschaltet) oder 1/3
PA290,20,400,400	Festlegen der Skywriting Parameter Timelag: 290 µs Laser-On-Shift: 20 µs NPrev: 400 µs NPost 400
LI-1	Festlegen des Skywriting Grenzwinkels für Modus 3 auf cos(α) =-1
DL20,40	Festlegen des Laser-On-Delays (20 µs) und des Laser-Off-Delays (40 µs)
DS200,300,400	Festlegen der Scannerdelays Jumpdelay: 200µs, Markdelay: 300 µs, Polygondelay: 400µs
DE-3	Festlegen der Defocus Position der dynamischen Fokussiereinheit auf -3 mm

12.4 Adaptive Prozessführung

12.4.1 Querschliffe von Stegstrukturen mit dynamischer Anpassung der Prozessparameter

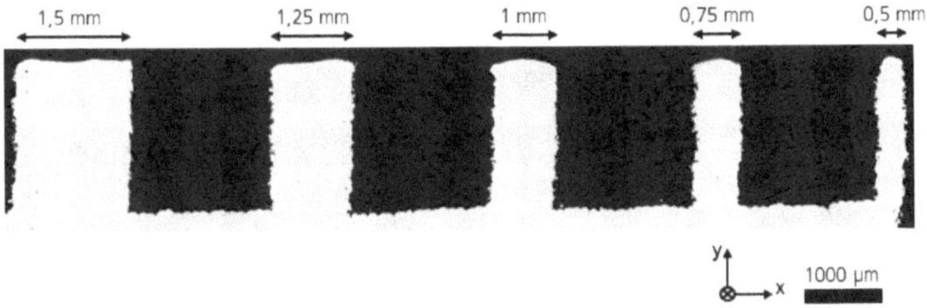

Bild 105: Querschliffe von Stegen gefertigt mit adaptiver Prozessführung

Beim Einsatz der adaptiven Prozessführung mit lokaler Leistungsanpassung und dynamischer Anpassung des Spurabstands kann keine Zunahme der Porosität innerhalb der Probekörper festgestellt werden.

12.4.2 Lichtmikroskopische Aufnahmen von Einzelspuren unter Variation von Laserleistung und Scangeschwindigkeit

Bild 106: Lichtmikroskopische Aufnahmen von Einzelspuren unter Variation von Laserleistung und Scangeschwindigkeit

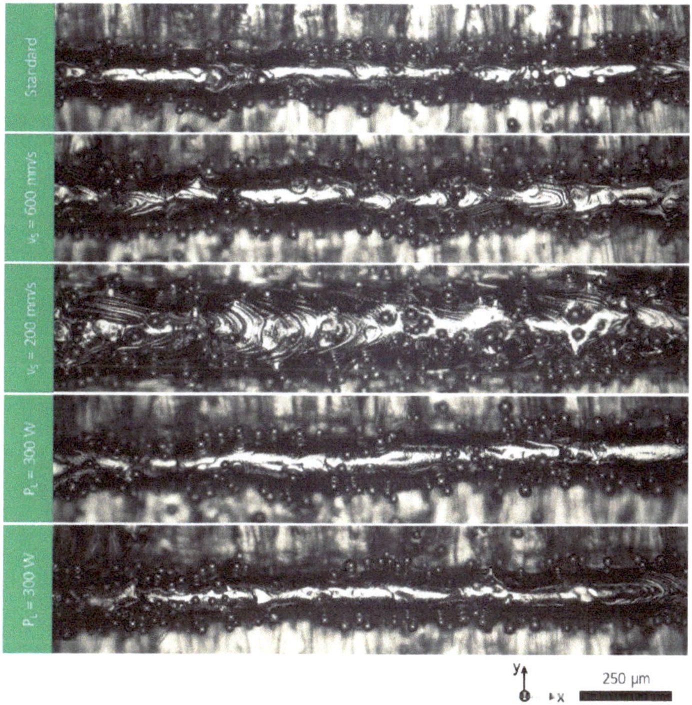

12.4.3 Dreieckiger Probekörper mit dynamischer Leistungsanpassung und konstantem Spurabstand

Bild 107: Dreieckiger Probekörper mit dynamischer Leistungsanpassung und konstantem Spurabstand

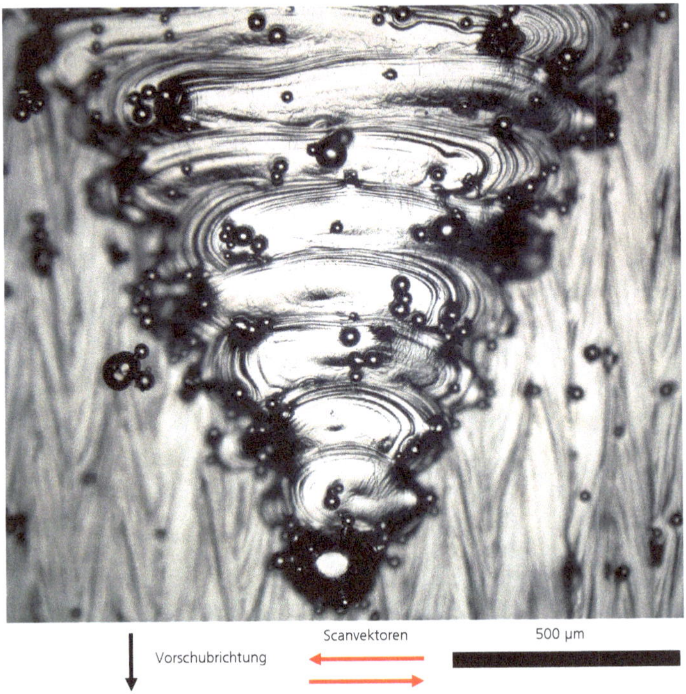

12.4.4 Einzelschichtversuche für Spurabstände zwischen 0,01 mm und 0,04 mm

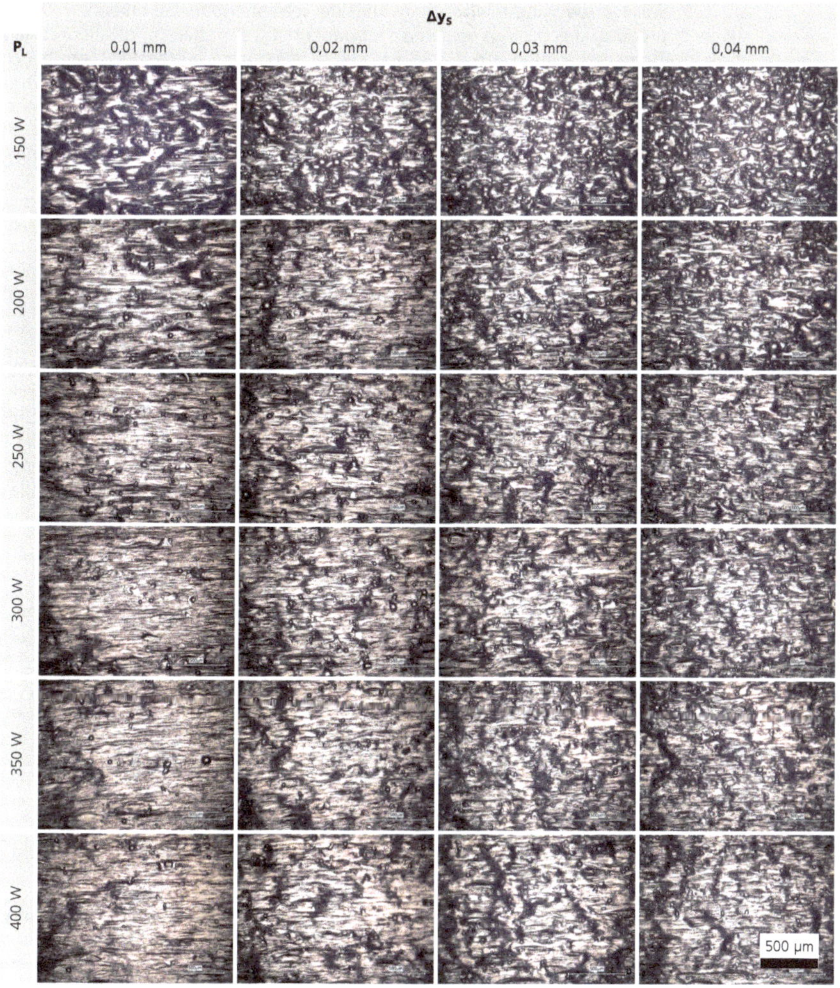

Bild 108: Einzelschichtversuche für eine Scangeschwindigkeit von 4500 mm/s unter Variation von Spurabstand und Laserleistung

Die Aufnahmen wurden jeweils in der Mitte des Spurverbunds gemacht. Unabhängig vom eingestellten Spurabstand ist bei einer Laserleistung von 150 W Balling bzw. eine relativ unregelmäßige Schichtstruktur zu erkennen. Die Ausprägung des Ballings verstärkt sich dabei mit Vergrößerung des Spurabstands. Eine Laserleistung von 150 W ist offensichtlich nicht ausreichend, um bei einer Scangeschwindigkeit von 4500 mm/s eine stabile Schmelzspurformung zu gewährleisten. Ebenso ergeben sich auch bei größeren Laserleistungen bei Spurabständen von 0,03 mm und 0,04 mm eine Balling Charakteristik und eine unregelmäßige Oberfläche des Spurverbunds. Die Proben ab einer Laserleistung von 200 W und einem Spurabstand von 0,02 mm können als eine Art Übergangsbereich bezeichnet werden. Die vergleichsweise homogenste Oberflächenstruktur ergibt sich für einen Spurabstand von 0,01 mm in Verbindung mit Laserleistungen ab 250 W.

12.4.5 Prüfung der Umsetzbarkeit einer Scangeschwindigkeit von 4500 mm/s

Zur Prüfung der Umsetzung der maximalen Scangeschwindigkeit von 4500 mm/s in der Prozessebene wird eine 10 mm lange Einzelspur auf Titansubstrat mit gepulst modulierter Laserstrahlung und einer Laserleistung von 300 W belichtet. Die Pulsperiode wird dabei so festgelegt (222,22 µs), dass bei korrekter Umsetzung der Geschwindigkeit von 4500 mm/s der Abstand der Einbrände der Einzelpulse 1 mm beträgt. Die Einbrände werden lichtmikroskopisch aufgenommen und an drei Positionen (Beginn des Scanvektors, Mitte des Scanvektors, Ende des Scanvektors) vermessen (Bild 109).

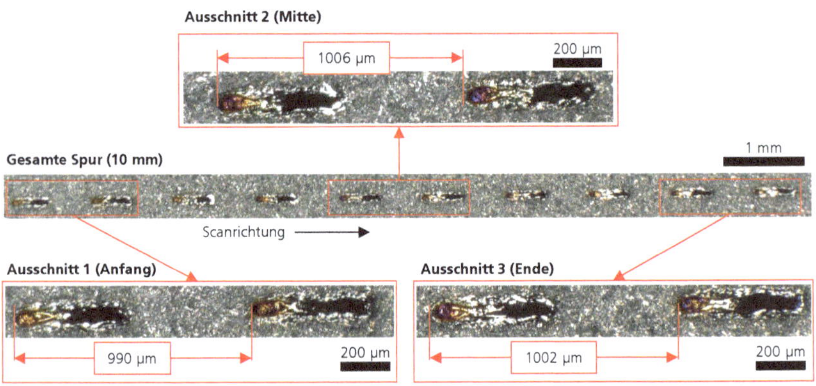

Pulsperiode: $\frac{1\,\text{mm}}{4500\,\frac{\text{mm}}{\text{s}}} = 222{,}22\ \mu\text{s}$ | Pulsdauer: 100 µs | Scangeschwindigkeit: 4500 mm/s | Laserleistung: 300 W

Bild 109: Einbrand auf Titansubstrat mit gepulst modulierter Laserstrahlung zu Bestimmung der Scangeschwindigkeit in der Prozessebene

Die Abweichungen vom Sollabstand (1000 µm) der drei gemessenen Abstände zwischen den Einzelpulsen liegen zwischen -10 µm und +6 µm. Die größte Abweichung von -10 µm ergibt sich dabei für den Abstand zwischen den ersten beiden Pulsen. Da für die Versuche die Skywritingparameter des Standardparametersatzes verwendet worden sind, besteht insbesondere im Hinblick auf die für eine Scangeschwindigkeit von 1000 mm/s bestimmte Beschleunigungszeiten NPrev die Möglichkeit, dass der Scanner zu Beginn der Belichtung noch nicht seine vollständige Scangeschwindigkeit von 4500 mm/s erreicht hat. Ggf. könnte dies durch eine Vergrößerung der Beschleunigungszeit (NPrev) kompensiert werden. Gleichwohl beträgt die Abweichung hier 1 % der Gesamtlänge, was auch im Hinblick auf den Messfehler als vernachlässigbar angesehen werden kann. Die folgenden Pulsabstände überschreiten den Sollwert von 1 mm, allerdings jeweils mit einer Abweichung von weniger als 1 %. Insgesamt kann somit die Tauglichkeit des verwendeten Scanners zur Umsetzung einer Scangeschwindigkeit von 4500 mm/s festgestellt werden kann.

12.4.6 Probekörper im Querschliff

In Bild 110 ist ein Überhangprobekörper mit einer Überhanglänge und -breite von 10 mm und einem Überhangwinkel von 10° dargestellt. Der Probekörper wurde mit den aus Kapitel 6.2.3 bekannten Prozessparametern mit einer Kombination aus Vergrößerung der Steifigkeit und thermischem Homogenisieren gefertigt.

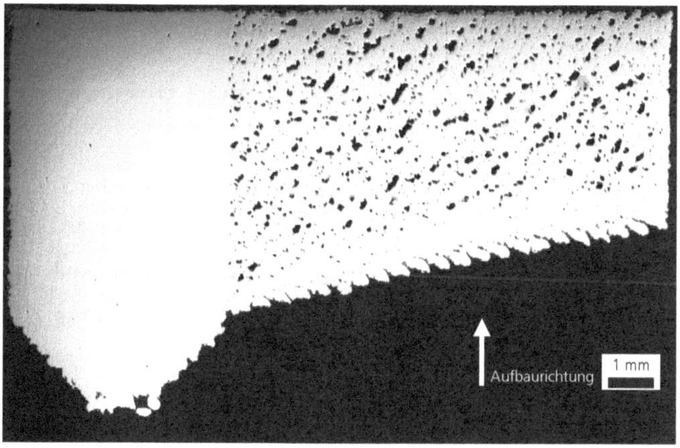

Bild 110: Überhangprobekörper im Querschliff Winkel 10° Länge 10 mm Breite 10 mm (Thermisches Homogenisieren und Vergrößerung der Steifigkeit)

Die Analyse des Probekörpers findet sich in Kapitel 6.2.6.

12.4.7 Kennfelder zur Anpassung von Laserleistung und Scangeschwindigkeit in Abhängigkeit vom Abstand zum Pulver

Kennfeld	1		2		3		4		5		6		7		8	
Abstand zum Pulver [mm]	P_L [W]	v_S [mm/s]	P_L [W]	v_S [mm/s]	P_L [W]	v_S [mm/s]	P_L [W]	v_S [mm/s]	P_L [W]	v_S [mm/s]	P_L [W]	v_S [mm/s]	P_L [W]	v_S [mm/s]	P_L [W]	v_S [mm/s]
0,08	200	4500	175	4500	150	4500	125	4500	200	4500	175	4500	150	4500	125	4500
0,25	250		250		250		250		250		250		250		250	
0,5									275		275		275		275	
1	300		300		300		300		300		300		300		300	
1,5	275		275		275		275		275		275		275		275	
2	300	4000	300	4000	300	4000	300	4000	300	4000	300	4000	300	4000	300	4000
2,5																
3									325		325		325		325	
3,5																
4																
4,5																
5																
5,5																
6																

Bild 111: Kennfelder zur Anpassung von Laserleistung und Scangeschwindigkeit in Abhängigkeit vom Abstand zum Pulver

12.4.8 Probekörper mit Überhangwinkel von 10°, Überhanglänge von 40 mm und Überhangbreite von 10 m gefertigt mit adaptiver Leistungsanpassung

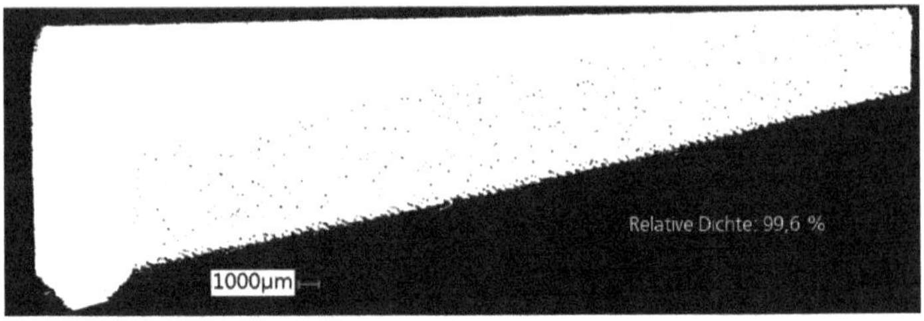

Bild 112: Überhangprobekörper mit adaptiver Leistungsanpassung im Querschliff

In der Reihe **Ergebnisse aus der Lasertechnik** zuletzt erschienen:

Tenbrock, Christian:
Large-Format Machine for Multi-Scanner Laser Powder Bed Fusion
ISBN: 978-3-98555-091-3
Erscheinungsdatum: 27.07.2022

Saewe, Jasmin:
Untersuchungen der Verarbeitbarkeit des Schnellarbeitsstahls HS6-5-3-8 mittels Laser Powder Bed Fusion
ISBN: 978-3-98555-097-5
Erscheinungsdatum: 27.07.2022

Adams, Martin:
Modellierung der katastrophalen optischen Degradation von Hochleistungslaserdioden unter externer optischer Rückkopplung
ISBN: 978-3-98555-068-5
Erscheinungsdatum: 22.04.2022

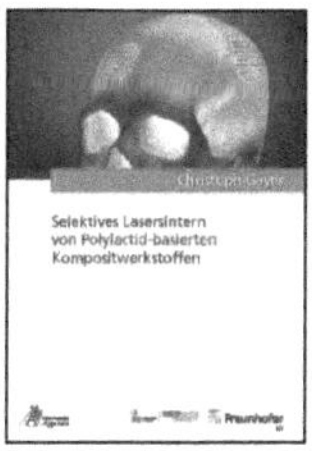

Gayer, Christoph:
Selektives Lasersintern von Polylactid-basierten Kompositwerkstoffen
ISBN: 978-3-98555-037-1
Erscheinungsdatum: 26.01.2022

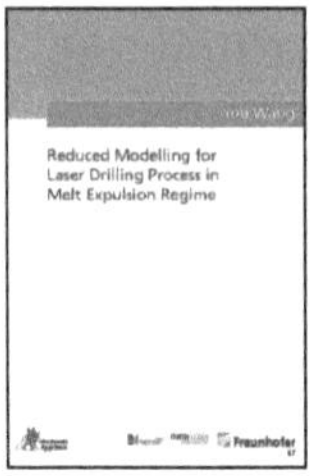

Wang, You:

Reduced Modelling for Laser Drilling Process in Melt Expulsion Regime

ISBN: 978-3-98555-013-5

Erscheinungsdatum: 15.11.2021

Mamuschkin, Viktor:

Laserdurchstrahlschweißen transparenter Thermoplaste ohne Strahlungsabsorber

ISBN 978-3-98555-004-3

Erscheinungsdatum: 02.11.2021

Brenner, Andreas:

Sequentielle Ultrakurzpuls-Laserbearbeitung zur effizienten Oberflächentexturierung

ISBN 978-3-86359-984-3

Erscheinungsdatum: 22.07.2021

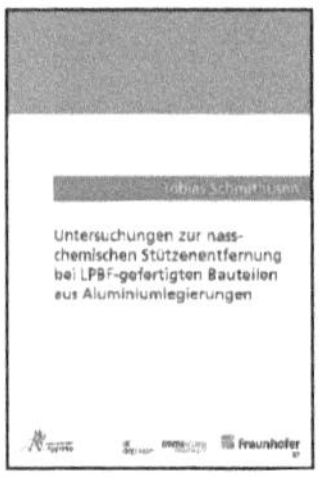

Schmithüsen, Tobias:

Untersuchungen zur nass-chemischen Stützenentfernung bei LPBF-gefertigten Bauteilen aus Aluminiumlegierungen

ISBN 978-3-86359-982-9

Erscheinungsdatum: 10.07.2021

MIX
Papier | Fördert
gute Waldnutzung
FSC® C083411

Zeitfracht Medien GmbH
Ferdinand-Jühlke-Straße 7
99095 Erfurt, Deutschland
produktsicherheit@kolibri360.de